TUJIE WEITE DIANJI
YINGYONG YU WEIXIU

图解 微特电机
应用与维修

孙克军 主 编
焦咏梅 副主编

U0228840

化学工业出版社
·北京·

图书在版编目（CIP）数据

图解微特电机应用与维修/孙克军主编.—北京：
化学工业出版社，2018.4
ISBN 978-7-122-31711-7

Ⅰ.①图… Ⅱ.①孙… Ⅲ.①微电机-应用-图解②
微电机-维修-图解 Ⅳ.①TM38-64

中国版本图书馆CIP数据核字（2018）第047429号

责任编辑：卢小林 文字编辑：谢蓉蓉
责任校对：宋 夏 装帧设计：王晓宇

出版发行：化学工业出版社（北京市东城区青年湖南街13号 邮政编码100011）
印 装：北京市白帆印务有限公司
787mm×1092mm 1/16 印张12½ 字数307千字 2018年7月北京第1版第1次印刷

购书咨询：010-64518888（传真：010-64519686） 售后服务：010-64518899
网 址：http://www.cip.com.cn
凡购买本书，如有缺损质量问题，本社销售中心负责调换。

定 价：49.00元

随着我国电力事业的飞速发展，微特电机在工业、农业、国防、交通运输等各个领域均得到了日益广泛的应用。目前图书市场微特电机方面的图书，主要侧重的是介绍微特电机的基本结构、工作原理、设计方法、控制系统的理论分析等，而有关微特电机选型、使用、维护、常见故障排除等方面的内容较少，不能满足工矿企业等生产一线广大使用与维修人员的需求。为了满足广大从事微特电机使用与维修人员的需要，我们组织编写了这本《图解微特电机应用与维修》。

本书在编写过程中，从当前微型与特种电机使用与维修的实际情况出发，面向生产实际，搜集、查阅了大量与微特电机使用与维修等有关的技术资料，以基础知识和操作技能为重点，介绍了直流伺服电动机、交流伺服电动机、直流测速发电机、交流测速发电机、自整角机、旋转变压器、步进电动机、开关磁阻电动机、直流力矩电动机、交流力矩电动机、无刷直流电动机和永磁电机等各种微型和特种电机的基本结构、工作原理、主要特性与控制方法，并着重介绍了常用微特电机的主要技术指标、选择方法、应用场合、使用与维护、常见故障及其排除方法等。

本书在编写中突出"应用与维护"，重点阐述物理概念，尽量联系微特电机使用与维修的生产实践，力求做到重点突出，以帮助读者提高解决实际问题的能力，而且在编写体例上尽可能适合自学的形式。本书的特点是密切结合生产实际，图文并茂、深入浅出、通俗易懂，书中列举了大量实例，具有实用性强、易于迅速掌握和运用的特点。

本书由孙克军主编，焦咏梅为副主编。第1章由马超编写，第2章由孙克军编写，第3章由王晓毅编写，第4章由刘庆瑞编写，第5章由张苏英编写，第6章由孙丽华编写，第7章由薛智宏编写，第8章由焦咏梅编写，第9章由郭英军编写，第10章由安国庆编写。编者对关心本书出版、热心提出建议和提供资料的单位和个人在此一并表示衷心的感谢。

由于编者水平所限，书中不足之处在所难免，敬请广大读者批评指正。

编 者

目 录
CONTENTS

1.1 微特电机概述

1.1.1 微特电机的基本用途

电机包括电动机和发电机两大类：电动机是指将电能转换为机械能（旋转和直线形式）的装置；发电机则相反，是指将机械能转换为电能的装置。

微特电机（全称微型特种电机，简称微电机）通常指的是结构、性能、用途或原理与常规电机不同，且体积和输出功率较小的微型电机和特种精密电机，一般其外径不大于160mm，输出功率在750W及以下。但是随着技术发展和应用领域的扩大，微特电机的体积和输出功率已突破了这些范围。

现代微特电机技术融合了电机、计算机、电力电子、自动控制、精密机械、新材料和新工艺等多种高新技术，是现代武器装备自动化、工业自动化、办公自动化和家庭生活自动化等不可缺少的重要技术。

微特电机在国民经济各个领域中的应用十分广泛，主要有以下几个方面。

① 航空航天：在航天领域，卫星天线的展开和偏转，飞行器的姿态控制，太阳能电池阵翼驱动，宇航员空调系统以及卫星照相机等，都需要高精度的微特电机来驱动。例如，为了获得最大能源，要求太阳能电池阵翼正对太阳，这就要求电机不断地调整阵翼的方向，常以步进电动机为动力。

② 现代军事装备：在现代军事装备中，微特电机已成为不可缺少的重要元件或子系统。火炮自动瞄准、飞机军舰自动导航、导弹遥测遥控、雷达自动定位等均需采用由伺服电动机、测速发电机、自整角机等构成的随动系统。例如，在导弹发射装置中的瞄准机，需对高低和方向两个方面进行自动瞄准，这就需要两套由伺服电动机为主构成的随动系统。

③ 现代工业：机器人，机床加工过程自动控制与显示，阀门遥控，自动记录仪表，轧钢机自动控制，纺织、印染、造纸机的匀速控制等，均大量使用不同类型、不同规格的微特电机。例如，驱动用微特电机常用于工农业生产中要求速度控制和位置控制的场合；控制用微特电机常用于控制系统中，实现机电信号或能量的检测、解算、放大、执行或转换等

功能。

④ 信息与电子产品：随着信息技术的快速发展，电子信息产品得到了广泛的应用，并已成为微特电机的重要应用领域之一。这些应用包括计算机存储器、打印机、扫描仪、数控绘图机、传真机、复印机等。

⑤ 现代交通运输：随着经济的高速发展和人民生活水平的提高，交通运输车辆，特别是家庭汽车的数量近年来有了飞速发展，从而使汽车用微特电机在数量、品种和结构上都发生了很大变化。例如，每辆高级轿车一般要用 40～50 台微特电机。作为 21 世纪的绿色交通工具，电动汽车在各国受到普遍的重视，电动车辆驱动用电机主要是无刷直流电动机、开关磁阻电动机、永磁同步电动机等，这类电机的发展趋势是高效率、高出力、智能化。

⑥ 日常生活：随着人们物资生活和文化生活水平的提高，微特电机在日常生活中的应用范围日益扩大。例如，高层建筑的自动电梯、医疗设备、录音录像设备、变频空调、全自动洗衣机等，都是依靠新型高性能微特电机来驱动的。

1.1.2　微特电机的基本要求

驱动用微特电机的主要任务是转换能量，因此，对它的要求与一般动力用电动机的要求类似，希望能量转换效率高、结构简单、使用方便、容易维护、坚固耐用、体积小、重量轻、价格低等。

控制用微特电机在自动控制系统中的主要任务不是能量转换，而是完成信号的传递和转换，其性能的好坏将直接影响整个系统的工作性能。因此，现代控制系统除了要求控制用微特电机体积小、重量轻、耗电少以外，还要求其具有高可靠性、高精度和快速响应等性能。

① 高可靠性。控制系统是由控制电机等控制元件与其他器件构成的，由于控制电机有运动部分甚至有滑动接触，其可靠性往往比系统中其他静止、无触点元件要差。因此，在宇宙航行系统、军事装备和一些现代化生产系统中，对所用控制电机的可靠性总是提出第一位的要求。如采用自动化程序生产的炼钢车间，一旦伺服系统中的控制电机发生故障，就会造成停产事故，甚至还会损坏炼钢设备。

提高控制电机可靠性的首要措施是采用无刷电机方案，因为无刷电机不需要经常维修，对电子设备无干扰，也不会产生由火花引起的可燃性气体爆炸事故，这些优点可以使控制系统的可靠性大大提高。

② 高精度。所谓精度，是指实际特性与理想特性之间的差异。差异越小，则精度越高。在各种军事装备、无线电导航、无线电定位、自动记录、远程控制、机床加工、自动控制等系统中，对精度的要求越来越高，相应地对上述系统中所使用的控制电机的精度也提出了更高的要求。控制电机精度主要是对信号元件而言，它包括静态误差、动态误差及使用环境的变化、电源频率和电压变化等所引起的漂移。从广义而言，也适应于功率元件，如伺服电机特性的线性度和失灵区，步进电机的步距精度等，这些也都直接影响到控制系统的精度。

提高控制电机精度的措施有更新结构和制造工艺、研制新原理电机等。

③ 快速响应。由于自动控制系统中主令信号变化很快，所以要求控制电机特别是功率元件能对信号做出快速响应。表征快速响应的主要指标是机电时间常数和灵敏度。这些又直接影响系统的动态误差、振荡频率和振荡时间。

为了保证控制系统的快速响应，控制电机应尽量减小其电气和机械时间常数。

1.2 微特电机的分类与型号

1.2.1 驱动用微特电机的分类

驱动用微特电机作为小型、微型动力，主要用来驱动各种机构、仪表以及家用电器等各种机械负载。

一般驱动用微特电机有：交流异步电动机，直流电动机，交、直流两用电动机，同步电动机以及无刷直流电动机，直线电动机，低速电动机，开关磁阻电动机等。

驱动用微特电机较详细的分类如图 1-1 所示。

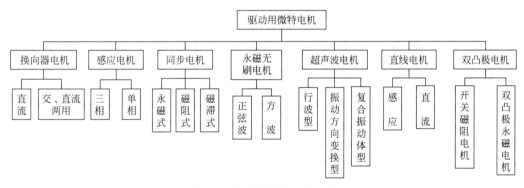

图 1-1 驱动用微特电机分类

1.2.2 控制用微特电机的分类

控制用微特电机在自动控制系统中作为检测、放大、执行和解算元件，用来对运动物体位置或速度进行快速和精确控制。

控制用微特电机按其特性可分为两类：测量元件（信号元件）类和执行元件（功率元件）类。凡是能够将运动物体的速度或位置（角位移、直线位移）等机械信号转换为电信号的都属于测量元件类控制用微特电机，如自整角机、旋转变压器、测速发电机等；凡是能够将电信号转换成轴上的角位移或角速度以及直线位移和线速度，并带动控制对象运动的都属于执行元件类控制用微特电机，如伺服电动机、步进电动机、力矩电动机等。

控制用微特电机较详细的分类如图 1-2 所示。

图 1-3 所示为一个伺服系统的框图，通过它可以显示控制用微特电机在现代自动控制系统中的重要作用。

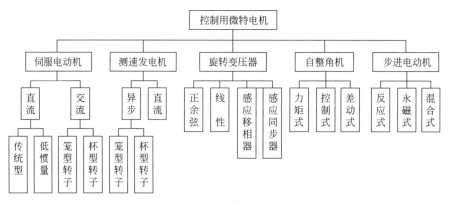

图 1-2　控制用微特电机分类

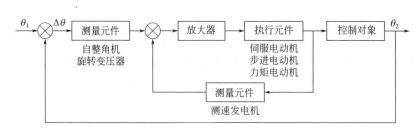

图 1-3　伺服系统框图

需要指出的是，有一些微特电机既可作驱动用，也可作控制用。例如，永磁无刷电机可以单独用来驱动很大的负载，也可以与控制线路构成高精度伺服系统。另外，在某些应用中的微特电机同时兼有驱动和控制的双重功能。因此，上述对微特电机的分类是相对的，不是绝对的。

1.2.3　微特电机的型号

（1）微特电机型号的组成

微特电机的型号由机座号、产品名称代号、性能参数序号、结构派生代号组成，其含义如下：

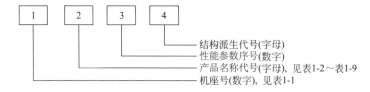

表 1-1　机座号对应的机座外径

机座号	12	16	20	24	28	36	45	55	70	90	110	130
机座外径/mm	12.5	16	20	24	28	36	45	55	70	90	110	130

表 1-2　伺服电动机产品名称代号

产品名称	代号	含义
电磁式直流伺服电动机	SZ	伺、直
永磁式直流伺服电动机	SY	伺、永
空心杯电枢永磁式直流伺服电动机	SYK	伺、永、空
无槽电枢直流伺服电动机	SWC	伺、无、槽
印制绕组直流伺服电动机	SN	伺、印
无刷直流伺服电动机	SW	伺、无
笼型转子两相伺服电动机	SL	伺、笼
空心杯转子两相伺服电动机	SK	伺、空
绕线转子两相伺服电动机	SX	伺、线
直线伺服电动机	SZX	伺、直、线

表 1-3　测速发电机产品名称代号

产品名称	代号	含义
电磁式直流测速发电机	CD	测、电
永磁式直流测速发电机	CY	测、永
永磁式低速直流测速发电机	CYD	测、永、低
笼型转子异步测速发电机	CL	测、笼
空心杯转子异步测速发电机	CK	测、空
空心杯转子低速异步测速发电机	CKD	测、空、低
感应子式测速发电机	CG	测、感
直线测速发电机	CX	测、线

表 1-4　自整角机产品名称代号

产品名称	代号	含义
控制式自整角发送机	ZKF	自、控、发
控制式差动自整角发送机	ZKC	自、控、差
控制式自整角变压器	ZKB	自、控、变
控制式无接触自整角发送机	ZKW	自、控、无
控制式无接触自整角变压器	ZBW	自、变、无
力矩式自整角发送机	ZLF	自、力、发
力矩式差动自整角发送机	ZCF	自、差、发
力矩式自整角接收机	ZLJ	自、力、接
力矩式差动自整角接收机	ZCJ	自、差、接
力矩式无接触自整角发送机	ZFW	自、发、无
力矩式无接触自整角接收机	ZJW	自、接、无
多极自整角发送机	ZFD	自、发、多
多极差动自整角发送机	ZCD	自、差、多
多极自整角变压器	ZBD	自、变、多
双通道自整角发送机	ZFS	自、发、双
双通道差动自整角发送机	ZCS	自、差、双
双通道自整角变压器	ZBS	自、变、双
控制力矩自整角机	ZKL	自、控、力

表 1-5　旋转变压器产品名称代号

产品名称	代号	含义
正余弦旋转变压器	XZ	旋、正
线性旋转变压器	XX	旋、线
单绕组线性旋转变压器	XDX	旋、单、线
比例式旋转变压器	XL	旋、例
旋变发送机	XF	旋、发

产品名称	代号	含义
旋变差动发送机	XC	旋、差
旋变变压器	XB	旋、变
无接触正余弦旋转变压器	XZW	旋、正、无
无接触线性旋转变压器	XXW	旋、线、无
无接触比例式旋转变压器	XLW	旋、例、无
多极旋变发送机	XFD	旋、发、多
多极差动旋变发送机	XCD	旋、差、多
多极旋变变压器	XBD	旋、变、多
双通道旋变发送机	XFS	旋、发、双
双通道差动旋变发送机	XCS	旋、差、双
双通道旋变变压器	XBS	旋、变、双

表 1-6　步进电动机产品名称代号

产品名称	代号	含义
电磁式步进电动机	BD	步、电
永磁式步进电动机	BY	步、永
感应子式永磁步进电动机	BYG	步、永、感
反应式步进电动机	BF	步、反
印制绕组步进电动机	BN	步、制
直线步进电动机	BX	步、线
滚切步进电动机	BG	步、滚

表 1-7　力矩电动机产品名称代号

产品名称	代号	含义
电磁式直流力矩电动机	LD	力、电
永磁式直流力矩电动机（铝镍钴）	LY	力、永
永磁式直流力矩电动机（铁氧体）	LYT	力、永、铁
永磁式直流力矩电动机（稀土永磁）	LYX	力、永、稀
无刷直流力矩电动机	LW	力、无
笼型转子交流力矩电动机	LL	力、笼
空心杯转子交流力矩电动机	LK	力、空
有限转角力矩电动机	LXG	力、限、角

表 1-8　磁滞同步电动机产品名称代号

产品名称	代号	含义
内转子式磁滞同步电动机	TZ	同、滞
外转子式磁滞同步电动机	TZW	同、滞、外
双速磁滞同步电动机	TZS	同、滞、双
多速磁滞同步电动机	TZD	同、滞、多
磁阻式磁滞同步电动机	TZC	同、滞、磁
永磁式磁滞同步电动机	TZY	同、滞、永

表 1-9　直流电动机产品名称代号

产品名称	代号	含义
并励直流电动机	ZB	直、并
串励直流电动机	ZC	直、串
他励直流电动机	ZT	直、他
永磁直流电动机	ZY	直、永
永磁直流电动机（铁氧体）	ZYT	直、永、铁
无刷直流电动机	ZWS	直、无、刷

产品名称	代号	含义
无槽直流电动机	ZWC	直、无、槽
空心杯电枢直流电动机	ZK	直、空
印制绕组直流电动机	ZN	直、印
稳速直流电动机	ZW	直、稳
稳速永磁直流电动机	ZYW	直、永、稳
高速无刷直流电动机	ZWSG	直、无、刷、高
稳速无刷直流电动机	ZWSW	直、无、刷、稳
高速永磁直流电动机	ZYG	直、永、高

（2）微特电机的型号示例

① 28CK04——表示 28 号机座空心杯转子异步测速发电机，第 4 个性能参数序号的产品，CK 系列标准中选定的一种基本结构形式。

② 36XZ14C——表示 36 号机座正余弦旋转变压器，第 14 个性能参数序号的产品，XZ 系列标准中选定的一种基本安装形式，轴伸形式派生为齿轮轴伸。

第2章
直流伺服电动机

2.1 伺服电动机概述

2.1.1 伺服电动机的用途与分类

伺服电动机（又称为执行电动机）是一种应用于运动控制系统中的控制电机，它的输出参数，如位置、速度、加速度或转矩是可控的。

伺服电动机在自动控制系统中作为执行元件，把输入的电压信号变换成转轴的角位移或角速度输出。输入的电压信号又称为控制信号或控制电压，改变控制电压可以变更伺服电动机的转速及转向。

伺服电动机按其使用的电源性质不同，可分为直流伺服电动机和交流伺服电动机两大类。

交流伺服电动机按结构和工作原理的不同，可分为交流异步伺服电动机和交流同步伺服电动机。交流异步伺服电动机又分为两相交流异步伺服电动机和三相交流异步伺服电动机，其中两相交流异步伺服电动机又分为笼型转子两相伺服电动机和空心杯形转子两相伺服电动机等。同步伺服电动机又分为永磁式同步电动机、磁阻式同步电动机和磁滞式同步电动机等。

直流伺服电动机有传统式结构和低惯量型两大类。直流伺服电动机按励磁方式可分为永磁式和电磁式两种。传统式直流伺服电动机的结构形式和普通直流电动机基本相同，按励磁方式可分为永磁式和电磁式两种。常用的低惯量直流伺服电动机有以下几种：

① 盘形电枢直流伺服电动机；
② 空心杯形电枢永磁式直流伺服电动机；
③ 无槽电枢直流伺服电动机。

随着电子技术的飞速发展，又出现了采用电子器件换向的新型直流伺服电动机。此外，为了适应高精度低速伺服系统的需要，又出现了直流力矩电动机。在某些领域（例如数控机床），已经开始用直线伺服电动机。伺服电动机正在向着大容量和微型化方向发展。

伺服电动机的种类很多，本章介绍几种常用伺服电动机的基本结构、工作原理、控制方式、静态特性和动态特性等。

2.1.2　自动控制系统对伺服电动机的基本要求

伺服电动机的种类虽多，用途也很广泛，但自动控制系统对它们的基本要求可归结为以下几点：

① 宽广的调速范围：即要求伺服电动机的转速随着控制电压的改变能在宽广的范围内连续调节。

② 机械特性和调节特性均为线性：伺服电动机的机械特性是指控制电压一定时，转速随转矩的变化关系；调节特性是指电动机转矩一定时，转速随控制电压的变化关系。线性的机械特性和调节特性有利于提高自动控制系统的动态精度。

③ 无"自转"现象：即要求伺服电动机在控制电压降低为零时能立即自行停转。

④ 快速响应：即电动机的机电时间常数要小，相应地伺服电动机要有较大的堵转转矩和较小的转动惯量。这样，电动机的转速才能随着控制电压的改变而迅速变化。

⑤ 应能频繁启动、制动、停止、反转以及连续低速运行。

此外，还有一些其他的要求，如希望伺服电动机具有较小的控制功率、重量轻、体积小等。

2.2　直流伺服电动机的工作原理与结构特点

2.2.1　直流伺服电动机的工作原理

直流伺服电动机的工作原理与普通直流电动机相同，仍然基于电磁感应定律和电磁力定律这两个基本定律。

图 2-1 是最简单的直流电动机的物理模型。在两个空间固定的永久磁铁之间，有一个铁制的圆柱体（称为电枢铁芯）。电枢铁芯与磁极之间的间隙称为空气隙。图中两根导体 ab 和 cd 连接成为一个线圈，并敷设在电枢铁芯表面上。线圈的首、尾端分别连接到两个圆弧形的铜片（称为换向片）上。换向片固定于转轴上，换向片之间及换向片与转轴都互相绝缘。这种由换向片构成的整体称为换向器，整个转动部分称为电枢。为了把电枢和外电路接通，特别装置了两个电刷 A 和 B。电刷在空间上是固定不动的，其位置如图 2-1 所示。当电枢转动时，电刷 A 只能与转到上面的一个换向片接触，而电刷 B 则只能与转到下面的一个换向片接触。

如果将电刷 A、B 接直流电源，电枢线圈中就会有电流通过。假设由直流电源产生的直流电流从电刷 A 流入，经导体 ab、cd 后，从电刷 B 流出，如图 2-1（a）所示，根据电磁力定律，载流导体 ab、cd 在磁场中就会受到电磁力的作用，其方向可用左手定则确定。在图 2-1（a）所示瞬间，位于 N 极下的导体 ab 受到的电磁力 f 的方向是从右向左；位于 S 极下的导体 cd 受到的电磁力 f 的方向是从左向右，因此电枢上受到逆时针方向的力矩，称为电磁转矩 T_e。在该电磁转矩 T_e 的作用下，电枢将按逆时针方向转动。当电刷转过 180°，如图 2-1（b）所示时，导体 cd 转到 N 极下，导体 ab 转到 S 极下。由于直流电源产生的直流电流方向不变，仍从电刷 A 流入，经导体 cd、ab 后，从电刷 B 流出。可见这时导体中的电流改

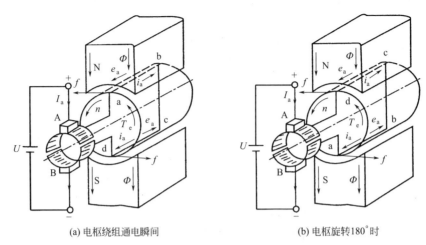

(a) 电枢绕组通电瞬间　　　　　　　　(b) 电枢旋转180°时

图 2-1　直流电动机的物理模型

变了方向，但产生的电磁转矩 T_e 的方向并未改变，电枢仍然为逆时针方向旋转。

实际的直流电动机中，电枢上不是只有一个线圈，而是根据需要有许多线圈。但是，不管电枢上有多少个线圈，产生的电磁转矩却始终是单一的作用方向，并使电动机连续旋转。

在直流电动机中，因为电枢电流 i_a 是由电枢电源电压 U 产生的，所以电枢电流 i_a 与电源电压 U 的方向相同。由于直流电动机的电枢是在电磁转矩 T_e 的作用下旋转的，所以，电动机转速 n 的方向与电磁转矩 T_e 的方向相同，即在直流电动机中，电磁转矩 T_e 是驱动性质的转矩。当电动机旋转时，电枢导体 ab、cd 将切割主极磁场的磁力线，产生感应电动势 e_a（e_a 为电枢导体中的感应电动势）。感应电动势 e_a 的方向如图 2-1 所示。从图中可以看出，感应电动势 e_a 的方向与电枢电流 i_a 的方向相反，因此，在直流电动机中，感应电动势 e_a 为反电动势。改变直流电动机旋转方向的方法是将电枢绕组（或励磁绕组）反接。

直流伺服电动机的工作原理与普通直流电动机相同，当电枢两端接通直流电源时，电枢绕组中就有电枢电流 I_a 流过，电枢电流 I_a 与气隙磁场（每极磁通 Φ）相互作用，产生电磁转矩 T_e，电动机就可以带动负载旋转，改变电动机的输入参数（电枢电压、每极磁通等），其输出参数（如位置、速度、加速度或转矩等）就会随之变化，这就是直流伺服电机的工作原理。

电磁转矩 T_e 与电枢电流 I_a 和每极磁通 Φ 的关系式为 $T_e = C_T \Phi I_a$，其中的 C_T 是一个与电动机结构有关的常数，称为转矩常数。当电动机的转子（电枢）以转速 n 旋转时，电枢绕组将切割气隙磁场而产生感应电动势 E_a（E_a 为电枢感应电动势，即正、负电刷两端的电动势）。电枢电动势 E_a 与电枢转速 n 和每极磁通 Φ 的关系式为 $E_a = C_e \Phi n$，其中的 C_e 是一个与电动机结构有关的常数，称为电动势常数。

2.2.2　传统式直流伺服电动机

传统式直流伺服电动机的结构形式和普通直流电动机基本相同，也由定子、转子两大部分组成，体积和容量都很小，无换向极，转子细长，便于控制。

传统式直流伺服电动机按励磁方式可分为电磁式和永磁式两种。

电磁式直流伺服电动机的定子铁芯通常由硅钢片冲制叠压而成，磁极和磁轭整体相连，如图 2-2（a）所示，在磁极铁芯上套有励磁绕组；转子铁芯与小型直流电动机的转子铁芯相同，由硅钢片冲制叠压而成，在转子冲片的外圆周上开有均布的齿槽，如图 2-2（b）所示，在转子槽中放置电枢绕组，并经换向器、电刷引出。电枢绕组和励磁绕组分别由两个独立电源供电，属于他励式，其主磁场由励磁绕组中通入励磁电流产生。

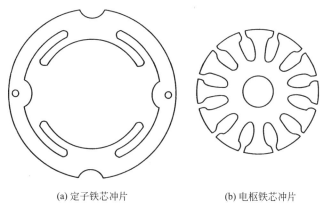

(a) 定子铁芯冲片　　　　　　　　(b) 电枢铁芯冲片

图 2-2　电磁式直流伺服电动机的铁芯冲片

常用永磁式直流伺服电动机的结构如图 2-3 所示。永磁式直流伺服电动机与电磁式直流伺服电动机的电枢基本相同，它们的不同之处在于，永磁式直流伺服电动机的主磁极由永磁体构成。取消了主磁极铁芯和励磁绕组不仅提高了电动机的效率，而且使电动机的体积明显减小。随着永磁材料的不断进步，永磁式直流伺服电动机的体积也在不断减小。

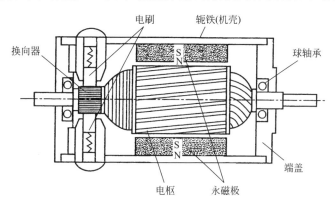

图 2-3　永磁式直流伺服电动机的结构

永磁式直流伺服电动机采用的永磁材料主要有铝镍钴、铁氧体和稀土永磁等。不同永磁材料的磁特性差异很大，因此采用不同永磁材料时，永磁式直流伺服电动机的磁极结构也各不相同。

铝镍钴永磁材料的特点是剩磁较大而矫顽力很小，为了避免电动机磁极永久性去磁，铝镍钴永磁体的磁化方向长度较长。几种常用的铝镍钴永磁式直流伺服电动机的磁极结构如图 2-4 所示。显然，在图 2-4 中，前 3 种磁极结构（圆筒式、切向式凸极、切向式隐极）均能满足"永磁体的磁化方向长度较长"的要求，而采用图 2-4（d）所示的径向式凸极结构时，电动机的径向尺寸将会较大。

铁氧体永磁材料的特点与铝镍钴永磁材料的特点正好相反，其剩磁较小而矫顽力较大。为了电动机的磁负荷，需要尽可能增大永磁体的有效截面。几种常用铁氧体永磁式直流伺服

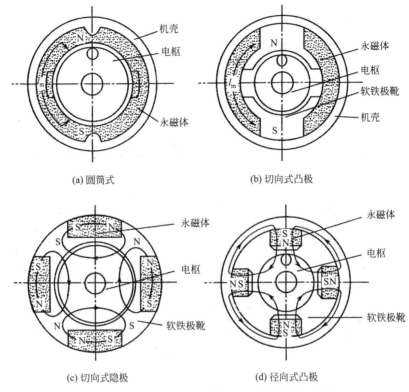

(a) 圆筒式　　　　　　　　(b) 切向式凸极

(c) 切向式隐极　　　　　　(d) 径向式凸极

图 2-4　铝镍钴永磁式直流伺服电动机的磁极结构

电动机的磁极结构如图 2-5 所示。

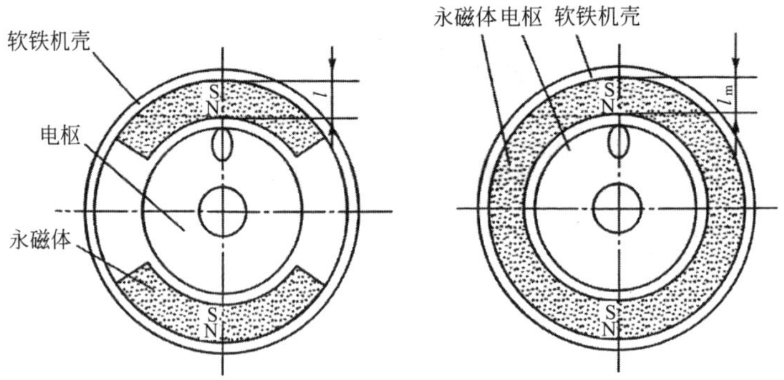

(a) 瓦片式　　　　　　　　(b) 圆筒式

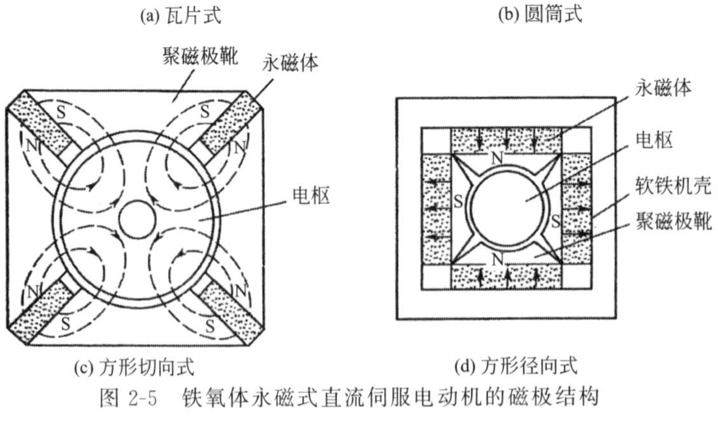

(c) 方形切向式　　　　　　(d) 方形径向式

图 2-5　铁氧体永磁式直流伺服电动机的磁极结构

钕铁硼永磁材料具有优良的磁性能，因此，钕铁硼永磁式直流伺服电动机最适合采用图 2-5（a）所示的瓦片式磁极结构。与其他两种永磁材料的电动机相比，钕铁硼永磁式直流伺服电动机的体积更小，性能也更为优良。

以上两种是具有传统结构的直流伺服电动机。现代伺服控制系统对快速响应性的要求越来越高，尽可能减小伺服电机的转动惯量，以便减小电动机的机电时间常数，提高伺服控制系统的快速响应能力，已经成为对伺服电动机的一个重要技术要求。为此多种类型的低惯量直流伺服电动机应运而生。常见的低惯量直流伺服电动机有盘形电枢直流伺服电动机、空心杯形电枢直流伺服电动机和无槽电枢直流伺服电动机等。

2.2.3　盘形电枢直流伺服电动机

盘形电枢直流伺服电动机如图 2-6 所示。它的定子由磁钢（永久磁铁）和前后磁轭（磁轭由软磁材料构成）组成，磁钢可在圆盘的一侧放置，也可以在两侧同时放置，磁钢产生轴向磁场，它的极数比较多，一般制成 6 极、8 极或 10 极。电动机的气隙就位于圆盘的两边，圆盘上有电枢绕组，可分为印制绕组和绕线式绕组两种形式。

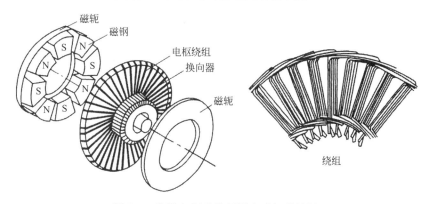

图 2-6　盘形电枢直流伺服电动机结构图

绕线式绕组是先绕制成单个线圈，然后将绕好的全部线圈沿径向圆周排列起来，再用环氧树脂浇注成圆盘形。

印制绕组是由印制电路工艺制成的电枢导体，两面的端部连接起来即成为电枢绕组，它可以是单片双面的，也可以是多片重叠的，以增加总导体数。

在盘形电枢直流伺服电动机中，磁极有效磁通是轴向取向的，径向载流导体在磁场作用下产生电磁转矩。因此，盘形电枢上电枢绕组的径向段为有效部分，弯曲段为端接部分。另外，在这种电动机中也常用电枢绕组有效部分的裸导体表面兼作换向器，它和电刷直接接触。

印制绕组直流伺服电动机的性能特点如下：

① 电动机结构简单，制造成本低。

② 启动转矩大。由于电枢绕组全部在气隙中，散热良好，其绕组电流密度比普通直流伺服电动机高，因此允许的启动电流大，启动转矩也大。

③ 力矩波动很小，低速运行稳定，调速范围广而平滑，能在 1 ： 20 的速比范围内可靠平稳运行。这主要是由于这种电动机没有齿槽效应以及电枢元件数、换向片数较多。

④ 换向性能好。电枢由非磁性材料组成，换向元件电感小，所以换向火花小。

⑤ 电枢转动惯量小，反应快，属于中等低惯量伺服电动机。

⑥ 印制绕组直流伺服电动机由于气隙大、主磁极漏磁大、磁动势利用率不高，因而效率不高。

⑦ 因为电枢直径大，限制了机电时间常数进一步降低的可能性。

2.2.4　空心杯型电枢直流伺服电动机

空心杯型电枢永磁式直流伺服电动机如图 2-7 所示。它有一个外定子和一个内定子，通常外定子由两个半圆形（瓦片形）的永久磁铁所组成，也可以是通常的电磁式结构；而内定子则由圆柱形的软磁材料做成，仅作为磁路的一部分，以减小磁路的磁阻。

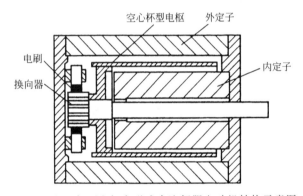

图 2-7　空心杯型电枢永磁式直流伺服电动机结构示意图

也可采用与此相反的形式，内定子为永磁体，而外定子采用软磁材料，这时外定子为磁路的一部分。这种结构形式称为内磁场式，与上面介绍的外磁场式在原理上相同。

空心杯型电枢上的电枢绕组可采用印制绕组，也可以先绕成单个成形线圈，然后将它们沿圆周的轴向方向排列成空心杯形，再用环氧树脂热固化成型。空心杯型电枢直接装在转轴上，在内、外定子间的气隙中旋转。电枢绕组接到换向器上，由电刷引出。

空心杯型电枢直流伺服电动机的性能特点如下。

① 低惯量。由于转子无铁芯，且薄壁细长，转动惯量极低。

② 灵敏度高。因转子绕组散热条件好，并且永久磁钢体积大，可提高气隙的磁通密度，所以力矩大。因而转矩与转动惯量之比很大，时间常数很小，灵敏度高，快速性好。

③ 力矩波动小，低速转动平稳，噪声很小。由于绕组在气隙中分布均匀，不存在齿槽效应。因此力矩传递均匀，波动小，故运行时噪声小，低速运转平稳。

④ 换向性能好，寿命长。由于杯型转子无铁芯，换向元件电感很小，几乎不产生火花，换向性能好，因此大大提高了电动机的寿命。由于换向火花很小，可大大减少对无线电的干扰。

⑤ 损耗小，效率高。因转子中无磁滞和涡流造成的铁芯损耗，所以效率较高。

2.2.5 无槽电枢直流伺服电动机

无槽电枢直流伺服电动机如图 2-8 所示。它的电枢铁芯上并不开槽，即电枢铁芯是光滑、无槽的圆柱体。电枢的制造是将电枢绕组直接排列在光滑的电枢铁芯表面，再用环氧树脂固化成形，并把它与电枢铁芯粘成一个整体，其气隙尺寸比较大，比普通的直流伺服电动机大 10 倍以上。其定子磁极可以用永久磁铁做成，也可采用电磁式结构。

由于无槽电枢直流伺服电动机在磁路上不存在齿部磁通密度饱和的问题，因此可以大大提高电动机的气隙磁通密度并减小电枢的外径。所以无槽电枢直流伺服电动机具有启动转矩较大、反应较快、启动灵敏度较高、转速平稳、低速运行均匀、换向性能良好等优点，主要用于要求快速动作、功率较大的系统，例如数控机床和雷达天线驱动等方面。

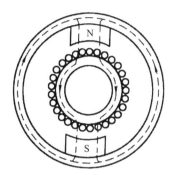

图 2-8　无槽电枢直流伺服电动机结构示意图

无槽电枢直流伺服电动机的转动惯量和电枢绕组电感比较大，因而其动态性能不如盘形电枢直流伺服电动机和空心杯形电枢永磁式直流伺服电动机。

2.3　直流伺服电动机的控制方式

直流伺服电动机实质上就是他励直流电动机。由直流电动机的电压方程 $U = E_a + I_a R_a$ 及电枢电动势表达式 $E_a = C_e \Phi n$，可以得到直流伺服电动机的转速表达式为

$$n = \frac{U_a}{C_e \Phi} - \frac{R_a}{C_e \Phi} I_a$$

式中，U_a 为电枢电压；E_a 为电枢感应电动势；I_a 为电枢电流；R_a 为电枢回路总电阻；n 为转速；Φ 为每极主磁通；C_e 为电动势常数。

上式表明：改变电枢电压 U_a 和改变励磁磁通 Φ，都可以改变直流伺服电动机的转速 n。

因而直流伺服电动机的控制方式有两种：一种方法是把控制信号作为电枢电压来控制电动机的转速，这种方式称为电枢控制；另一种方法是把控制信号加在励磁绕组上，通过控制磁通来控制电动机的转速，这种控制方式称为磁场控制（又称为磁极控制）。电枢控制时直流伺服电动机的工作原理图如图 2-9 所示。

2.3.1 电枢控制

如图 2-9 所示，在励磁回路上加恒定不变的励磁电压 U_f，以保证直流伺服电动机的主磁通 Φ 不变。在电枢绕组上加控制电压信号。当负载转矩 T_L 一定时，升高电枢电压 U_a，电动机的转速 n 随之升高；反之，减小电枢电压 U_a，电动机的转速 n 就降低；若电枢电压

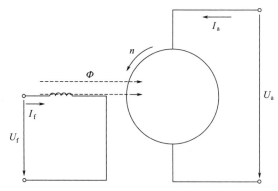

图 2-9　电枢控制时直流伺服电动机的工作原理图

$U_a=0$ 时，电动机则不转。当电枢电压的极性改变后，电动机的旋转方向也随之改变。因此把电枢电压 U_a 作为控制信号，就可以实现对直流伺服电机转速 n 的控制，其电枢绕组称为控制绕组。

对于电磁式直流伺服电动机，采用电枢控制时，其励磁绕组由外施恒压的直流电源励磁；对于永磁式直流伺服电动机则由永磁磁极励磁。

下面分析改变电枢电压 U_a 时，电动机转速 n 变化的物理过程。

直流伺服电动机实质上就是他励直流电动机。由直流电动机的转速表达式 $n=\dfrac{U_a}{C_e\varPhi}-\dfrac{R_a}{C_e\varPhi}I_a$ 及电磁转矩表达式 $T_e=C_T\varPhi I_a$，可以得到保持电动机的每极磁通为额定磁通 $\varPhi_N$ 时，直流电动机的机械特性方程为

$$n=\frac{U_a}{C_e\varPhi_N}-\frac{R_a}{C_e C_T\varPhi_N^2}T_e$$

式中，U_a 为电枢电压；R_a 为电枢回路总电阻；n 为转速；$\varPhi_N$ 为每极额定主磁通；C_e 为电动势常数；C_T 为转矩常数；T_e 为电磁转矩。

根据直流电动机的机械特性方程，可以绘制出直流电动机降压调速时的机械特性曲线如图 2-10 所示。图中，曲线 1、2、3 分别为对应于不同电枢电压时，直流电动机的机械特性曲线；曲线 4 为负载的机械特性曲线。从图中可以看出，改变电枢电压后，直流电动机的理想空载转速 n_0 随电压的降低而下降，电动机的转速 n 也随电压的降低而下降。但是，电动机的机械特性的斜率不变，即电动机的机械特性的硬度不变。

设电枢电压 U_a 为额定电压 U_N（即 $U_a=U_N$）时，直流电动机拖动恒转矩负载 T_L 运行于固有特性曲线（即图 2-10 中的曲线 1）上的 A 点。运行转速为 n_N。若电枢电压由 U_N 下调为 U_1，则电动机的机械特性变为人为机械特性（即图 2-10 中的曲线 2）。在降压瞬间，由于惯性，转速 n 不能突变，工作点由原来的 A 点平移到 A' 点；在 A' 点，$T'_e<T_L$，转速 n 开始减小；随着 n 的减小，E_a 减小，电枢电流 $\left(I_a=\dfrac{U_1-E_a}{R_a}\right)$ 增大，电磁转矩 T_e 增大，工作点由 A' 点向 B 点移动；到达 B 点时，$T_e=T_L$，$n=n_1$，电动机以较低的转速稳速运行。

由图 2-10 可以看出，在一定负载下，电动机的转速会随电枢电压的降低而降低，因此这种调速方法最高转速 $n_{\max}=n_N$，调速方向是由 n_N 向下调。

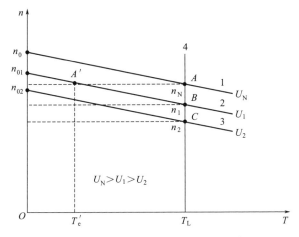

图 2-10 直流电动机降压调速的机械特性

直流伺服电动机普遍采用电枢控制。电枢控制的直流伺服电动机的电枢电压常称为控制电压，而电枢绕组也常称为控制绕组。

目前大、中容量可控直流电源主要采用晶闸管可控整流电源，小容量时常采用电力晶体管 PWM 控制电源，如图 2-11 和图 2-12 所示。

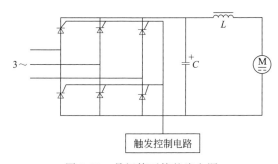

图 2-11 晶闸管可控整流电源

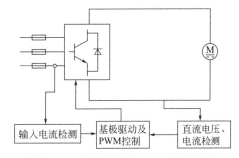

图 2-12 电力晶体管 PWM 控制电源

采用晶闸管可控整流电源时，可根据电动机容量和控制性能的不同要求，选用三相或单相、全控桥式或半控桥式整流电路。电动机要求正反转控制时，可采用电枢极性切换方式或励磁极性切换方式，也可采用两组桥式电路反并联接法的无触点切换方式。

采用晶闸管可控整流电源的优点是控制的快速性好、效率高，设备的占地面积小、噪声低。缺点是晶闸管电路注入交流电网的电流中，含有一系列高次谐波，将对交流电网造成一定的谐波污染。

电力晶体管 PWM 控制电源的三角波调制频率远大于交流电源频率，可以进行近似正弦波的 PWM 电流控制。这种控制方式的可贵之处在于，电力晶体管电路从电网输入电流的谐波含量小，其波形近似为正弦波。因此小容量可控整流电源大多采用电力晶体管 PWM 可控电源。

2.3.2 磁场控制

磁场控制就是以励磁电压 U_f 作为输入量，以直流伺服电动机的转子位置、转速等作为输出量，当改变励磁电压的大小和极性时，电动机的转子位置、转速和转向也将随之变化。

当降低励磁回路的电压 U_f 时，励磁电流 I_f 将减小，磁通 Φ 也将减小，直流伺服电动机的转速 n 便升高。反之，当升高励磁回路的电压 U_f 时，励磁电流 I_f 将增大，磁通 Φ 也将增大，直流伺服电动机的转速 n 便降低。显然，引起转速变化的直接原因是磁通 Φ 的变化。在直流伺服电动机中，并不是采用改变励磁回路调节电阻的方法来改变磁通 Φ，而是采用改变励磁电压 U_f 的方法来改变磁通 Φ。因此，可以把励磁电压 U_f 作为控制信号，来实现对直流伺服电动机转速的控制。

由于励磁回路所需的功率小于电枢回路，所以磁场控制时的控制功率小。但是，磁场控制有严重的缺点，例如在磁场控制时，励磁电压的调节范围很小，过分弱磁会导致电动机运行不稳定以及换向恶化；由于励磁绕组电感较大，磁场控制时的响应速度较慢等。所以，在自动控制系统中，磁场控制很少被采用，或只用于小功率电动机中。

2.4   直流伺服电动机的机械特性和调节特性

2.4.1   直流伺服电动机的机械特性

直流伺服电动机的机械特性是指当电枢电压 U_a＝常值、气隙每极磁通量 Φ＝常值时，电动机的转速 n 和电磁转矩 T_e 之间的关系曲线，即 $n=f(T_e)$。在直流伺服电动机的诸多特性中，机械特性是最重要的特性。它是选用直流伺服电动机的依据。

直流伺服电动机的机械特性方程与直流电动机的机械特性方程基本相同，即

$$n=\frac{U_a}{C_e\Phi}-\frac{R_a}{C_eC_T\Phi^2}T_e=n_0-kT_e$$

式中，U_a 为电枢电压；R_a 为电枢回路总电阻；n 为转速；Φ 为每极磁通；C_e 为电动势常数；C_T 为转矩常数；T_e 为电磁转矩。n_0（$=\frac{U}{C_e\Phi}$）称为直流伺服电机的理想空载转速；k（$=\frac{R_a}{C_eC_T\Phi^2}$）称为直流电动机机械特性的斜率。

因为直流伺服电动机的机械特性方程为一直线方程，所以其机械特性为一条直线，如图2-13所示。显然，只要找到直线上的两个点，便可绘制出该机械特性的直线。

从图2-13中可以看出，直流伺服电动机的机械特性是线性的。该机械特性曲线上有两个特殊点，现分述如下：

（1）理想空载点（0，n_0）

由直流伺服电动机的机械特性曲线和机械特性方程可知，n_0 是机械特性曲线与纵轴的交点，即电磁转矩 T_e＝0 时的转速，即

$$n_0=\frac{U}{C_e\Phi}$$

在实际的电动机中，当电动机轴上不带负载时，因为它本身有空载损耗所引起的空载阻转矩。因此，即使空载（即负载转矩 T_L＝0）时，电动机的电磁转矩也不为零，只有在理

想条件下，即电动机本身没有空载损耗时，才可能有 $T_e=0$，所以对应于 $T_e=0$ 时的转速 n_0 称为理想空载转速。

（2）堵转点 $(T_k,0)$

由直流伺服电动机的机械特性曲线和机械特性方程可知，T_k 是机械特性曲线与横轴的交点，即电动机的转速 $n=0$ 时的电磁转矩，即

$$T_k=\frac{C_T\Phi U_a}{R_a}$$

T_k 是电动机处在堵转状态时所产生的电磁转矩。

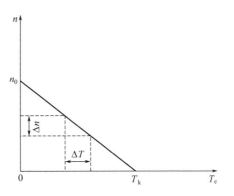

图 2-13　直流伺服电动机的机械特性

$k\left(=\dfrac{R_a}{C_eC_T\Phi^2}\right)$ 称为直流电动机机械特性的斜率。k 前面的负号表示直线是下倾的。k 的大小可用 $\Delta n/\Delta T$ 表示，如图 2-13 所示。因此 k 的大小表示电动机电磁转矩变化所引起的转速变化程度。斜率 k 大，则对应于同样的转矩变化，转速变化大，这时电动机的机械特性软。反之斜率 k 小，则对应于同样的转矩变化，转速变化小，这时电动机的机械特性硬。

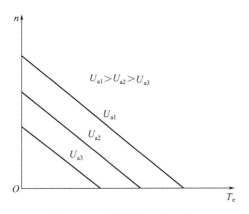

图 2-14　不同控制电压时直流伺服电动机的机械特性

以上讨论的是在电枢电压为常值时，直流伺服电动机的机械特性。改变电枢电压 U_a，电动机的机械特性就发生变化。由机械特性方程可知，电动机的理想空载转速 n_0 随电枢电压 U_a 成正比变化，但是，机械特性的斜率 k 与电枢电压 U_a 无关，k 即保持不变。所以，对应于不同的电枢电压，可以得到一组相互平行的机械特性曲线，如图 2-14 所示。随着电枢电压的降低，机械特性曲线平行地向原点移动，但机械特性曲线的斜率不变，即机械特性的硬度不变。这是电枢控制的优点之一。

2.4.2　直流伺服电动机的调节特性

直流伺服电动机的调节特性是指负载转矩 T_L 恒定时，电动机的转速随控制电压变化的关系，即 $n=f(U_a)$。

当负载转矩 T_L 保持不变时，电动机轴上的总阻转矩 $T_s=T_L+T_0$（式中 T_0 为电动机的空载转矩）也不变，因此电动机稳态运行时，其电磁转矩 $T_e=T_s$ 为常数。

由机械特性方程可得电动机的转速 n 与控制电压 U_a 的关系为

$$n=\frac{U_a}{C_e\Phi}-\frac{R_a}{C_eC_T\Phi^2}T_s$$

对应的直流伺服电动机的调节特性如图 2-15 所示，它们也是一组平行的直线。直线的斜率为 k_1（$=\dfrac{1}{C_e\Phi}$），它与负载的大小无关，仅由直流伺服电动机的参数决定。

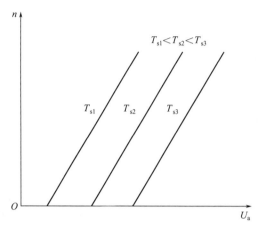

图 2-15　不同负载时直流伺服电动机的调节特性

由图 2-15 可知，这些调节特性曲线与横轴的交点，就表示在一定负载转矩时电动机的始动电压。若负载转矩一定时，电动机的控制电压大于相对应的始动电压，它便能转动起来并达到某一转速；反之，控制电压小于相对应的始动电压，则电动机的最大电磁转矩仍小于负载转矩，电动机就不能启动。所以，调节特性曲线的横坐标从零到始动电压的这一范围称为在一定负载转矩时伺服电动机的失灵区。显然，失灵区的大小是与负载转矩成正比的。

由以上分析可知，电枢控制时直流伺服电动机的机械特性和调节特性都是一组平行的直线。这是直流伺服电动机很可贵的特点，也是交流伺服电动机所不及的。但是上述的结论是在假设电动机的磁路为不饱和及忽略电枢反应的前提下才得到的，实际的直流伺服电动机的特性曲线只是一组接近直线的曲线。

2.5　直流伺服电动机的技术参数

（1）额定功率

额定功率是指电动机轴上输出功率的额定值，即电动机在额定状态下运行时的输出功率。在额定功率下允许电动机长期连续运行而不致过热。

（2）额定电压

额定电压是指电动机在额定状态下运行时，励磁绕组和电枢控制绕组上应加的电压额定值。

（3）额定电流

额定电流是指电动机在额定电压下，驱动负载为额定功率时绕组中的电流。额定电流一般就是电动机长期连续运行所允许的最大电流。

（4）额定转速

额定转速也称最高转速，是指电动机在额定电压下，输出额定功率时的转速。直流伺服电动机的调速范围一般在额定转速以下。

（5）额定转矩

额定转矩是指电动机在额定状态下运行时的输出转矩。

（6）最大转矩

最大转矩是指电动机在短时间内可输出的最大转矩，它反映了电动机的瞬时过载能力。直流伺服电动机的瞬时过载能力都比较强，其最大转矩一般可达额定转矩的 5～10 倍。

（7）转矩系数

转矩系数是单位电流产生的力矩，用 N·m/A 表示。

（8）空载始动电压 U_{s0}

在空载和一定励磁条件下使转子在任意位置开始连续旋转所需要的最小控制电压称为空载始动电压 U_{s0}。空载始动电压以额定控制电压的百分比表示，U_{s0} 一般为额定电压的2％～12％，小机座号、低电压电机的 U_{s0} 较大。U_{s0} 越小，表示直流伺服电动机的灵敏度越高。

（9）机电时间常数 τ_m

在额定励磁电压和空载情况下，加以阶跃的额定控制电压，电动机由静止状态到空载转速的 63.2％所需的时间称为机电时间常数。这个性能指标是衡量电动机响应速度的，该值越小，说明响应越快速、越灵敏。

2.6 直流伺服电动机的选择

直流伺服电动机的选择不仅仅是指对电动机本身的要求，还应根据自动控制系统所采用的电源、功率和系统对电动机的要求来决定。如果控制系统要求线性的机械特性和调节特性、控制功率较大，则可选用直流伺服电动机。对随动系统，要求伺服电动机的响应快；对短时工作的伺服系统，要求伺服电动机以较小的体积和重量，给出较大的转矩和功率；对长期工作的伺服系统，要求伺服电动机的寿命要长。

为了便于选用，特将部分直流伺服电动机的性能特点和应用范围介绍如下。

① 传统式直流伺服电动机：机械特性和调节特性线性度好，机械特性下垂，在整个调速范围内都能稳定运行，低速性能好，转矩大；气隙小、磁通密度高、单位体积输出功率大、精度高；电枢齿槽效应会引起转矩脉动；电枢电感大、高速换向困难；过载性能好，转子热容量大，因而热时间常数大、耐热性能好。

永磁式直流伺服电动机一般可用作小功率直流伺服系统的执行元件，但不适合于要求快速响应的系统；电磁式直流伺服电动机可用作中、大功率直流伺服系统的执行元件。

② 空心杯形电枢直流伺服电动机：电枢比较轻、转动惯量极低、响应快；电枢电感小、电磁时间常数小、无齿槽效应；转矩波动小、运行平稳、换向良好、噪声低；机械特性和调节特性线性度好、机械特性下垂；气隙大、单位体积的输出功率小。适用于快速响应的伺服系统。空心杯形电枢直流伺服电动机功率较小，可用干电池供电，用于便携式仪器。

③ 无槽电枢直流伺服电动机：在磁路上不存在齿饱和的限制，故气隙磁通密度较高；换向性能好；转动惯量小；机电时间常数小，响应快；低速时能平稳运行；调速比大。适用于需要快速动作而负载波动不大且功率较大的直流伺服系统作执行元件。

④ 盘形电枢直流伺服电动机：电枢绕组全部在气隙中，散热良好，能承受较大的峰值电流；电枢由非磁性材料组成，轻而且电抗小；换向性能良好，转矩波动小；电枢转动惯量小，机电时间常数小，响应快。适用于低速和启动、制动、反转频繁的直流伺服系统。

2.7 直流伺服电动机的使用与维护

2.7.1 直流伺服电动机使用注意事项

① 电磁式直流伺服电动机在启动时首先要接通励磁电源，然后再加电枢电压，以避免电枢绕组因长时间流过大电流而烧坏电机。这是因为如果先加电枢电压，电枢电压全部加在电枢电阻 R_a 上，而 R_a 很小，造成电枢电流 I_a 过大，极易烧坏电机。

② 在电磁式直流伺服电动机运行过程中，绝对要避免励磁绕组断线，以免造成电枢电流过大和"飞车"事故。

③ 永磁式直流伺服电动机的性能很大程度上取决于永磁材料的优劣。大多数永磁材料的机械强度不高，易于破碎。在安装和使用这类电机时，要注意防止剧烈的振动和冲击，否则容易引起永磁体内部磁畴排列的混乱，使永磁体退磁。另外，尽量远离热源，因为有些永磁材料的温度系数较高，磁性易受温度变化的影响。

④ 为了获得大启动转矩，启动时励磁磁通应为最大。因此，在启动时励磁回路的调节电阻必须短接，并在励磁绕组两端加上额定励磁电压。

⑤ 整流电路可用三相全波式可控供电，若选用其他形式的整流电路时，应有适当的滤波装置。否则，只能降低容量使用。

2.7.2 直流伺服电动机维护保养

直流伺服电动机带有数对电刷，电动机旋转时，电刷与换向器摩擦而逐渐磨损。电刷异常或过度磨损，会影响电动机的工作性能。因此，对电刷的维护是直流伺服电动机维护的主要内容。

（1）电刷装置的维护

数控车床、铣床和加工中心的直流伺服电动机应每年检查一次，频繁加、减速机床（如冲床）的直流伺服电动机应每两个月检查一次。检查要求如下。

① 在数控系统处于断电状态且电动机已经完全冷却的情况下进行检查。

② 取下橡胶刷帽，用螺钉旋具拧下刷盖取出电刷。

③ 测量电刷长度，如直流伺服电动机的电刷磨损到其长度的 1/3 时，必须更换同型号的新电刷。

④ 仔细检查电刷的弧形接触面是否有深沟或裂痕，以及电刷弹簧上有无打火痕迹。如有上述现象，则要考虑电动机的工作条件是否过分恶劣或电动机本身是否有问题。

⑤ 用不含金属粉末及水分的压缩空气导入装电刷的刷孔，吹净粘在刷孔壁上的电刷粉末。如果难以吹净，可用螺钉旋具尖轻轻清理，直至孔壁全部干净为止，但要注意不要碰到换向器表面。

⑥ 重新装上电刷，拧紧刷盖。如果更换了新电刷，应使电动机空载运行一段时间，以使电刷表面和换向器表面相吻合。

（2）直流伺服电动机的保养

① 用户在收到电动机后不要放在户外，保管场所要避开潮湿、灰尘多的地方。

② 当电动机存放一年以上时，要卸下电动机电刷。如果电刷长时间接触在换向器上时，可能在接触处生锈，产生换向不良和噪声等现象。

③ 要避免切削液等液体直接溅到电动机本体。

④ 电动机与控制系统间的电缆连线，一定要按照说明书给出的要求接线。

⑤ 若电动机使用直接联轴器、齿轮、皮带轮传动连接时，一定要进行周密计算，使加载到电动机轴上的力，不要超过电动机的允许径向载荷及允许轴向载荷的参数指标。

⑥ 电动机电刷要定期检查与清洁，以减少磨损或损坏。

2.8　直流伺服电动机常见故障及其排除方法

直流伺服电动机常见故障及其排除方法见表 2-1。

表 2-1　直流伺服电动机常见故障及其排除方法

故障现象	产生原因	判断和处理
启动电流大	① 轴承磨损 ② 电刷磨损或卡住 ③ 电枢与定子相擦 ④ 磁场退磁 ⑤ 电枢绕组短路或开路 ⑥ 电动机与负载不同轴	① 更换轴承 ② 检查刷握，排除故障，更换电刷 ③ 排除相擦原因 ④ 再充磁 ⑤ 修理或更换电枢 ⑥ 校正联轴器以减小阻力
电动机过热	① 过载 ② 电动机最大转速超过时间周期 ③ 环境温度高 ④ 轴承磨损 ⑤ 电枢绕组短路 ⑥ 电枢与定子相擦	① 检查负载及传动系统 ② 重新检查电动机额定最大转速 ③ 改善通风，降低环境温度 ④ 更换轴承 ⑤ 修理或更换电枢 ⑥ 检查相擦原因，排除故障或更换电枢
电动机烧坏	同电动机过热原因	如果不及时检修"电动机过热"故障，都将使电动机严重过热，甚至烧坏
空载转速高	① 励磁电流小 ② 磁场退磁	① 增加励磁电流 ② 再充磁
空载电流大	① 轴承磨损 ② 电刷磨损或卡住 ③ 磁场退磁 ④ 电枢与定子相擦 ⑤ 负载过大 ⑥ 转轴弯曲或不同轴	① 更换轴承 ② 检查刷握，排除故障或更换电刷 ③ 再充磁 ④ 检查相擦原因，排除故障 ⑤ 排除过负载 ⑥ 电枢校直或再装配
输出转矩低	① 磁场退磁 ② 电枢绕组短路或开路 ③ 轴承磨损 ④ 电枢与定子相擦 ⑤ 转轴弯曲或安装不同轴	① 再充磁 ② 修理或更换电枢 ③ 更换轴承 ④ 检查相擦原因，排除故障 ⑤ 电枢校直或再装配
转速不稳定	① 负载变化 ② 电刷磨损或卡住 ③ 电动机气隙中有异物 ④ 轴承磨损 ⑤ 电枢绕组开路、短路或接触不良	① 重调负载 ② 更换电刷，检查刷握故障 ③ 排除异物 ④ 更换轴承 ⑤ 修理或更换电枢

故障现象	产生原因	判断和处理
旋转方向相反	① 电动机引出线与电源接反 ② 磁极充反	① 倒换接线 ② 重新充磁
电刷磨损快	① 弹簧压力不适当 ② 换向器表面粗糙或脏污 ③ 电刷偏离中心 ④ 过载 ⑤ 电枢绕组短路 ⑥ 电刷装置松动	① 调整弹簧压力 ② 重加工换向器或清理 ③ 调整电刷位置 ④ 调整负载 ⑤ 修理或更换电枢 ⑥ 调整电刷、刷握,使之配合适当
轴承磨损快	① 联轴器或驱动齿轮不同轴,联轴器不平衡或齿轮啮合太紧,使之径向负载过大 ② 轴承脏污 ③ 轴承润滑不够或不充分 ④ 输出轴弯曲引起大的振动	① 修正机械零件,限制径向负载达到要求值以下 ② 清洗轴承或更换轴承,采用防尘轴承 ③ 改善润滑 ④ 检查轴的径向跳动,校直或更换电枢
噪声大	① 电枢不平衡 ② 轴承磨损 ③ 轴向间隙大 ④ 电动机与负载不同轴 ⑤ 电动机安装不紧固 ⑥ 电动机气隙中有油泥、灰尘 ⑦ 电动机安装不妥,噪声被放大	① 电枢校动平衡 ② 更换轴承 ③ 调整轴向间隙到要求值 ④ 改善同轴度 ⑤ 调整安装,保证紧固 ⑥ 清理电动机气隙 ⑦ 采用胶垫式安装减小噪声放大作用
径向间隙大	① 轴与轴承配合松动 ② 轴承磨损	① 轴与轴承配合应是轻压配合 ② 更换轴承
轴向间隙大	调整垫片不合适	增加调整垫圈,使轴向间隙达到要求
振动大	① 电枢不平衡 ② 轴承磨损 ③ 径向间隙大 ④ 电枢绕组开路或短路	① 调整电枢动平衡到合适要求 ② 更换轴承 ③ 检查径向间隙大的原因,对症修理 ④ 修理或更换电枢
轴不转或转动不灵活	① 没有输入电压 ② 轴承紧或卡住 ③ 负载故障 ④ 气隙中有异物 ⑤ 负载过大 ⑥ 电枢绕组开路 ⑦ 电刷磨损或卡住	① 检查电动机输入端有无电压 ② 修理或更换轴承 ③ 排除负载不转故障 ④ 重新清理,排除异物 ⑤ 调整负载 ⑥ 修理或更换电枢 ⑦ 更换电刷,检查刷握故障

2.9　直流伺服电动机的应用

　　伺服电动机在自动控制系统中作为执行元件,即输入控制电压后,电动机能按照控制电压信号的要求驱动工作机械。它通常作为随动系统、遥测和遥控系统及各种增量运动系统的主传动元件,应用于打印机的纸带驱动系统、磁盘存储器的磁头驱动机构、工业机器人的关节驱动系统和数控机床进给装置等。

　　由伺服电动机组成的伺服系统,按被控制对象的不同可分为下面几种控制方式。

　　① 速度控制方式:电动机的速度是被控制的对象。

　　② 位置控制方式:电动机的转角位置是被控制的对象。

　　③ 转矩控制方式:电动机的转矩是被控制的对象。

④ 混合控制方式：此种系统可采用上述的多种控制方式，并能从一种控制方式切换到另一种控制方式。

在伺服系统中，通常采用前两种控制方式，它们的原理框图如图 2-16 所示。

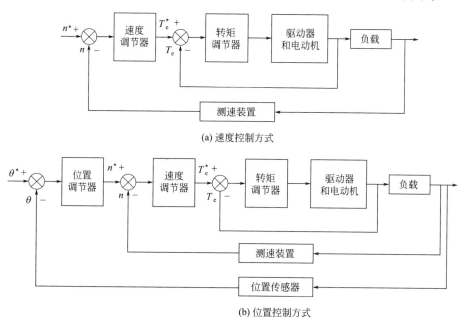

图 2-16　速度控制和位置控制原理图

图 2-16（a）为速度伺服驱动系统，n^* 为速度给定信号，n 为通过测速装置输出的实际速度值，两者的偏差通过速度调节器补偿后作为转矩环的指令信号。图 2-16（b）为位置伺服系统，θ^* 为位置给定信号，位置伺服系统将外面的位置环加到速度环上，位置给定信号 θ^* 与转子实际位置 θ 的差值通过位置调节器进行调节。

（1）在张力控制系统中的应用

张力控制系统在纺织工业、造纸工业、电缆工业和钢铁工业都获得了广泛应用。例如在纺织、印染和化纤生产中，有许多生产机械（如整经机、浆纱机和卷染机等）在加工过程中以及加工的最后，都要将加工物——纱线或织物卷绕成筒形。为使卷绕紧密、整齐，要求在卷绕过程中，在织物内保持适当的恒定张力。实现这种要求的控制系统，叫作张力控制系统。图 2-17 所示为利用直流伺服电动机驱动张力辊进行检测的张力控制系统。

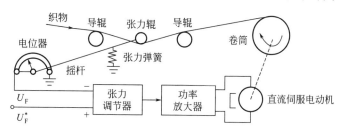

图 2-17　张力控制系统原理图

当织物由导辊经过张力辊时，张力弹簧通过摇杆拉紧张力辊。如织物张力发生波动，则张力辊的位置将上下移动，带动摇杆改变电位器滑动端位置，使张力反馈信号 U_F 随之发生变化。如张力减小，在张力弹簧的作用下，摇杆使电位滑动端向反馈信号减小的方向移动，在某一张力给定信号 U_F^* 下，输入到张力调节器的差值电压 $\Delta U_F = U_F^* - U_F$ 增加，经功率放大器放大后，使直流伺服电动机的转速升高、张力增大并保持近似恒定。

（2）在随动系统中的应用

图 2-18 是采用电位器的位置随动系统的示意图。θ 和 θ' 为电位器 R_P 和 R_P' 的轴的角位移，它们分别正比于电压 U_g 和 U_f，θ 是控制指令，θ' 是被调量，被控机械与 R_P' 的轴连接。差值电压 $U_d = U_g - U_f$，经放大后控制直流伺服电动机，电动机经过传动机构带动被控机械，使 θ' 跟随 θ 变化。图 2-19 是图 2-18 的反馈控制方框图。

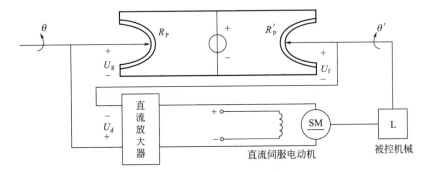

图 2-18　位置随动系统示意图

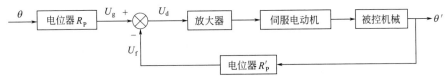

图 2-19　反馈控制方框图

从图 2-19 的方框图中可以清楚地看出信号的传递途径。位置控制指令 θ 通过电位器 R_P（给定元件）将希望的位移量转换为给定电压 U_g，而电位器 R_P'（检测元件）检测出被控机械（控制对象）的实际位移，将它转换为反馈电压 U_f，与给定电压 U_g 比较，得出差值电压 U_d，经放大后控制直流伺服电动机（执行元件）向消除偏差的方向转动，直到达到一定精度为止。这样，被控机械的实际位置跟随指令变化，构成一个位置随动系统。

第 3 章
交流伺服电动机

3.1 概述

3.1.1 交流伺服电动机概述

交流伺服电动机通常是指两相异步电动机，它在小功率随动系统中的应用非常广泛。交流伺服电动机在控制系统中的作用与直流伺服电动机一样，主要作为执行元件，把输入的电信号变换成转轴的角速度输出。输入的电压信号又称为控制电压或控制信号，改变控制电压的大小，伺服电动机的转速随着改变。交流伺服电动机具有宽广的调速范围，线性的机械特性，快速响应和无"自转"现象等性能。因此，交流伺服电动机在自动控制系统中的应用日益广泛。

两相异步伺服电动机的基本结构和工作原理与普通感应电动机相似。从结构上看，电动机由定子和转子两大部分构成，定子铁芯中嵌放两相交流绕组，它们在空间相差 90°电角度。其中一组绕组为励磁绕组；另一相则为控制绕组。转子绕组为自行闭合的多相对称绕组。运行时定子绕组通入交流电流，产生旋转磁场，在闭合的转子绕组中感应电动势、产生转子电流，转子电流与磁场相互作用产生电磁转矩。

两相伺服电动机运行时，励磁绕组接至电压为 U_f 的交流电源上；在控制绕组上，施加与 U_f 同频率、大小或相位可调的控制电压 U_c，通过 U_c 控制伺服电动机的启动、停止及运行的转速。值得注意的是，由于励磁绕组电压 U_f 固定不变，而控制电压 U_c 是变化的，故通常情况下两相绕组中的电流不对称，电动机中的气隙磁场也不是圆形旋转磁场，而是椭圆形旋转磁场。

与直流伺服电动机一样，两相异步伺服电动机在控制系统中也被用作执行元件，自动控制系统对它的基本要求主要有以下几个方面。

① 两相异步伺服电动机的转速能随着控制电压的变化在宽广的范围内连续调节。

② 整个运行范围内的机械特性应接近线性，以保证两相异步伺服电动机运行的稳定性，并有利于提高控制系统的动态精度。

③ 无"自转"现象。即当控制电压为零时，两相异步伺服电动机应立即停转。

④ 两相异步伺服电动机的机电时间常数要小，动态响应要快。为此，要求相伺服电动

机的堵转转矩大，转动惯量小。

为了满足上述要求，在具体结构和参数上两相异步伺服电动机与普通异步电动机相比有着不同的特点。两相异步伺服电动机就转子结构形式而言通常有三种：笼型转子、非磁性空心杯转子和铁磁性空心杯转子。由于铁磁性空心杯转子应用较少，下面仅就前两种结构进行介绍。

3.1.2　交、直流伺服电动机的性能比较

交流伺服电动机与直流伺服电动机的性能比较见表3-1。

表 3-1　交、直流伺服电动机的性能比较

项目	类型	
	直流伺服电动机	交流伺服电动机
机械性能和调节性能	机械特性硬、线性度好，不同控制电压下斜率相同，堵转转矩大，调速范围广	机械特性软、非线性，不同控制电压下斜率不同，系统的品质因数变坏，调速范围较小，受频率及极对数限制
体积、重量和效率	功率较大、体积较小、重量较轻、效率高	功率小、体积和重量较大、效率低
放大器	直流放大器产生"零点漂移"现象，精度低、结构复杂、体积和重量较大	交流放大器，结构简单、体积和重量较小
自转	不会产生自转	参数选择不当，制造工艺不良时会产生自转现象
结构、运行的可靠性及对系统的干扰	有电刷和换向器，结构和工艺复杂、维修不便、运行的可靠性差、换向火花会产生无线电干扰、摩擦转矩大	无电刷和换向器，结构简单、运行可靠、没有电火花，因而也无无线电干扰、摩擦转矩小

为了满足自动控制系统对伺服电动机的要求，伺服电动机必须具有宽广的调速范围、线性的机械特性、无"自转"现象和快速响应等性能。为此，它和普通异步电动机相比，应具有转子电阻大和转动惯量小这两个特点。

3.2　两相交流伺服电动机的基本结构与工作原理

3.2.1　两相交流伺服电动机的基本结构

两相交流异步伺服电动机或称两相交流感应伺服电动机，简称两相伺服电动机，其定子铁芯中嵌放着由两相电源供电的两相绕组，两相绕组在空间相距90°电角度。其中一相为励磁绕组，运行时接至交流电源U_f上；另一相为控制绕组，输入控制电压U_c。U_f和U_c的频率相同、相互独立。通过分别或同时改变控制电压U_c的幅值、相位来控制伺服电动机的转矩、转速和转向。

（1）常用两相交流伺服电动机的结构

两相交流伺服电动机的转子通常有三种结构形式：高电阻率导条的笼型转子、非磁性空心杯型转子和铁磁性空心转子。其中，应用较多的是前两种结构形式。

① 高电阻率导条的笼型转子。笼型转子交流异步伺服电动机的结构如图3-1所示。励

磁绕组和控制绕组均为分布绕组。转子结构与普通异步电动机的笼型转子一样，但是，为了减小转子的转动惯量，需做成细长转子。笼型导条和端环采用高电阻率的导电材料（如黄铜、青铜等）制造。也可采用铸铝转子，其导电材料为高电阻率的铝合金材料。

　　② 非磁性空心杯型转子。非磁性杯型转子两相交流异步伺服电动机由外定子、内定子和杯型转子等构成，其结构如图3-2所示。它的外定子用硅钢片冲制叠压而成，两相绕组嵌于其内圆均布的槽中，两相绕组在空间相距90°电角度。内定子也用硅钢片冲制叠压而成，一般不嵌放绕组，而仅作为磁路的一部分，以减小主磁通磁路的磁阻。内定子铁芯的中心处开有内孔，转轴从内孔中穿过。空心杯形转子由非磁性导电金属材料（一般为铝合金）加工成杯形，置于内、外定子铁芯之间的气隙中，并靠其底盘和转轴固定，能随转轴在内、外定子之间自由转动。

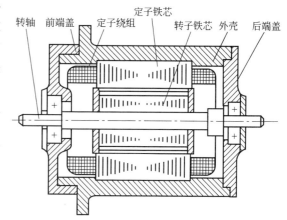

图 3-1　笼型转子交流异步伺服电动机结构示意图

　　非磁性杯型转子的壁很薄（0.2～0.8mm），因而具有较大的转子电阻和很小的转动惯量，又因其转子上无齿槽，故运行平稳、噪声低。与笼型转子相比，杯型转子的转动惯量小、摩擦力矩小，所以运行时反应灵敏、改变转向迅速、无噪声以及调速范围大等，这些优点使它在自动控制系统中得到了广泛应用，主要应用于对噪声和运行平稳性有较高要求的场合。

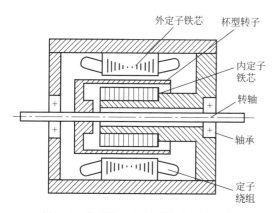

图 3-2　非磁性空心杯型转子两相交流异步伺服电动机结构示意图

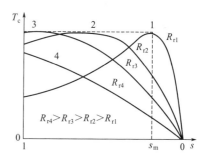

图 3-3　不同转子电阻时的机械特性

　　但是，这种结构的电动机空气隙较大，励磁电流也较大，致使电动机的功率因数较低，效率也较低。它的体积和重量都要比同容量的笼型转子伺服电动机大得多。

　　(2) 两相交流异步伺服电动机的结构特点

　　两相交流异步伺服电动机除了在转子结构上与普通异步电动机有所不同之外，为了得到尽可能接近线性的机械特性，并实现无"自转"现象，必须具有足够大的转子电阻，这是异步伺服电动机与普通异步电动机的另一个重要区别。

普通异步电动机的机械特性曲线如图 3-3 中的曲线 1 所示。由电动机学可知，它的稳定运行区间仅在转差率 s 从 0 到临界转差率 s_m 这一范围。普通异步电动机由于转子电阻 R_{r1} 较小，s_m 为 $0.1 \sim 0.2$，所以其转速可调范围很小。为了增大异步伺服电动机的调速范围，必须增大转子电阻，使出现最大转矩时的临界转差率 s_m 增大，如图 3-3 所示。当转子电阻足够大时，其临界转差率 $s_m \geqslant 1$，此时机械特性曲线如图 3-3 中的曲线 3、4 所示，电磁转矩的峰值已到第二象限，相应地电动机的可调速范围在 0 到同步转速之间，即在此范围内电动机均能稳定运行。

3.2.2　两相交流伺服电动机的工作原理

两相交流伺服电动机的转速将随控制电压的大小和相位而变化。因为两相交流异步伺服电动机的控制绕组与励磁绕组在空间相距 90° 电角度，所以当控制电压 U_c 为最大值，控制电压 U_c 的相位与励磁电压 U_f 相位相差 90° 电角度时，电动机构成了一个两相对称系统，这时的气隙合成磁场是一个圆形旋转磁场，电动机的转速最高；调节控制电压的幅值或相位差角或二者同时改变时，气隙合成磁场将变为椭圆形旋转磁场，控制电压的幅值越低或相位差偏离 90° 越多，气隙磁场的椭圆度就越大，电动机的转速就越低；当 $U_c = 0$ 时，只有励磁电源供电，电动机单相运行，气隙合成磁场是一个单相脉振磁场，这时，电动机应立即停转。改变控制电压与励磁电压的相序，旋转磁场的转向就会改变，也就实现了电动机的正反转控制。以上就是两相交流伺服电动机的伺服控制原理。

这里，还需要对"$U_c = 0$ 时电动机应立即停转"这一点作进一步说明。

根据单相感应电动机的工作原理，当转子电阻较小时，单相运行的感应电动机仍然产生正方向的电磁转矩，如图 3-4（a）所示，只要负载转矩小于电磁转矩，转子仍将继续运行，而不会因 $U_c = 0$ 而立即停转。这种控制电压为零时电动机仍然旋转的现象称为"自转"现象，"自转"现象破坏了电动机的伺服性，因此是不允许存在的。

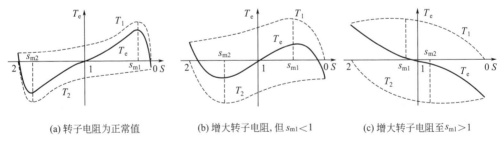

(a) 转子电阻为正常值　　　　(b) 增大转子电阻，但 $s_{m1} < 1$　　　　(c) 增大转子电阻至 $s_{m1} > 1$

图 3-4　转子电阻对单相异步电动机机械特性的影响

随着转子电阻的增大，正序旋转磁场产生的最大转矩所对应的临界转差率 s_{m1} 将相应增大，而负序旋转磁场产生的最大转矩对应的临界转差率 $s_{m2} = 1 - s_{m1}$ 则相应减小，于是电动机的合成电磁转矩的最大转矩随之减小，而且最大转矩点逐步向纵轴方向移动，如图 3-4（b）所示。当转子电阻足够大时，正序旋转磁场产生的最大转矩所对应的临界转差率 $s_{m1} > 1$，在 $0 < s < 1$ 的范围内，合成电磁转矩将变为负值，如图 3-4（c）所示。这就是说，当电动机因 $U_c = 0$ 而单相运行时，电动机将承受制动性质的转矩而立即停转。实际上，两相交流伺服电动机采用了较大的转子电阻，一方面使电动机具有了宽广的调速范围，另一方面，

也有效防止了电动机的"自转"现象。

3.3 两相交流伺服电动机的控制方式

两相交流异步伺服电动机运行时,励磁绕组接至电压值恒定的励磁电源,而控制绕组所加的控制电压 U_c 是变化的,一般来说得到的是椭圆形旋转磁场,由此产生电磁转矩驱动电动机旋转,若改变控制电压的大小或改变它相对于励磁电压的相位差,就能改变旋转磁场的椭圆度,从而改变电磁转矩。

当负载转矩一定时,通过改变控制绕组电压的大小或相位,可以控制伺服电动机的启动、停止及运行转速。因此,两相交流异步伺服电动机的控制方法有以下几种。

3.3.1 幅值控制

保持励磁电压的幅值和相位不变,通过调节控制电压的大小来改变电动机的转速,而控制电压 $\dot{U}_c$ 与励磁电压 $\dot{U}_f$ 之间始终保持90°电角度相位差。幅值控制的原理电路图和电压相量图如图3-5所示。当控制电压 $\dot{U}_c = 0$ 时,电动机停转;当控制电压反相时,电动机反转。

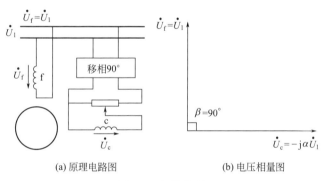

(a) 原理电路图　　　　　　(b) 电压相量图

图3-5 幅值控制

如果令 $\alpha = U_c/U_f = U_c/U_1$ 为信号系数,则 $U_c = \alpha U_1$。当 $\alpha = 0$ 时,$U_c = 0$,定子电流产生脉振磁场,电动机不对称度最大;当 $\alpha = 1$ 时,$U_c = U_1$,产生圆形旋转磁场,电动机处于对称运行状态;当 $0 < \alpha < 1$ 时,$0 < U_c < U_1$,产生椭圆形旋转磁场,电动机运行的不对称度随 α 的增大而减小。

3.3.2 相位控制

采用相位控制时,控制绕组与励磁绕组的电压大小均保持额定值不变,通过调节控制电压的相位,即改变控制电压与励磁电压之间的相位角 β,实现对电动机的控制。相位控制时的原理电路图和电压相量图如图3-6所示。当 $\beta = 0°$ 时,两相绕组产生的气隙合成磁场为脉振磁场,电动机停转。

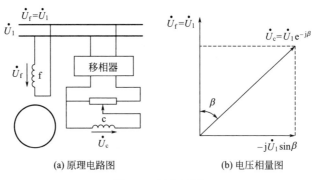

(a) 原理电路图   (b) 电压相量图

图 3-6 相位控制

3.3.3 幅值-相位控制

幅值-相位控制（又称电容控制）是将励磁绕组串联电容 C_a 以后，接到交流电源 $\dot{U}_1$ 上。而控制绕组电压 $\dot{U}_c$ 的相位始终与 $\dot{U}_1$ 相同。幅值-相位控制（电容控制）的原理电路图和电压相量图如图 3-7 所示。通过调节控制电压 $\dot{U}_c$ 的幅值可以改变电动机的转速。

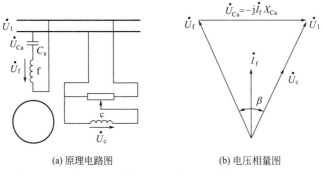

(a) 原理电路图   (b) 电压相量图

图 3-7 幅值-相位控制（电容控制）

采用幅值-相位控制时，励磁绕组电压 $\dot{U}_f = \dot{U}_1 - \dot{U}_{Ca}$。当调节控制绕组电压的幅值改变电动机的转速时，由于转子绕组的耦合作用，励磁绕组中的电流 $\dot{I}_f$ 也会发生变化，使励磁绕组的电压 $\dot{U}_f$ 及串联电容上的电压 $\dot{U}_{Ca}$ 也随之改变，因此控制绕组电压 $\dot{U}_c$ 和励磁绕组电压 $\dot{U}_f$ 的大小及它们之间的相位角 β 也都随之改变。所以，这种控制方式成为幅值-相位控制，或称为电容控制。若控制电压 $\dot{U}_c = 0$，电动机便停转。这种控制方式利用励磁绕组中的电容来分相，不需要复杂的移相装置，所以设备简单、成本较低，是实际应用中最常见的一种控制方式。

以上三种控制方法的实质都是利用改变不对称两相电压中正序和负序分量的比例，来改变电动机中正序和负序旋转磁场的相对大小，从而改变它们产生的合成电磁转矩，以达到改变转速的目的。

3.4　交流伺服电动机的机械特性和调节特性

3.4.1　交流伺服电动机的机械特性

采用幅值控制的交流伺服电动机在系统中工作时，励磁绕组通常是接在恒值的交流电源上，其值等于额定励磁电压。励磁电压 $\dot{U}_{\mathrm{f}}$ 和控制电压 $\dot{U}_{\mathrm{c}}$ 之间固定地保持 $90°$ 的相位差，而控制电压 $\dot{U}_{\mathrm{c}}$ 的大小却是经常变化。在实际使用中，为了方便起见，常将控制电压用其相对值来表示，同时考虑到控制电压是表征对伺服电动机所施加的控制电信号，所以称这个相对值为有效信号系数，并用 α_{e} 表示，即

$$\alpha_{\mathrm{e}} = \frac{U_{\mathrm{c}}}{U_{\mathrm{cN}}}$$

式中　U_{c}——实际控制电压；

　　　U_{cN}——额定控制电压。

当控制电压 U_{c} 在 $0 \sim U_{\mathrm{cN}}$ 之间变化时，有效信号系数 α_{e} 在 $0 \sim 1$ 之间变化。

幅值控制时交流伺服电动机的机械特性如图 3-8 所示。从图中可以看出，幅值控制时交流伺服电动机的机械特性曲线已不是直线，而是一组曲线。在相同负载情况下，有效信号系数 α_{e} 越大，电动机的转速就越高。当有效信号系数 α_{e} 减小时，电磁转矩 T_{em} 减小，机械特性往下移动，理想空载

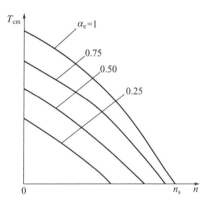

图 3-8　幅值控制时交流伺
服电动机的机械特性

（$T_{\mathrm{em}} = 0$）时的转速也随之减小，只有当 $\alpha_{\mathrm{e}} = 1$ 产生圆形磁场时，理想空载转速才等于同步转速 n_{s}。

3.4.2　交流伺服电动机的调节特性

调节特性就是表示在输出转矩一定的情况下，转速与有效信号系数 α_{e} 的变化关系。这种变化关系，可以根据图 3-8 所示的机械特性来得到。如果在图 3-8 上作许多平行于横轴的转矩线，每一转矩与机械特性曲线相交很多点，将这些交点所对应的转速 n 及有效信号系数 α_{e} 画成关系曲线，就得到该输出转矩下的调节特性。不同的转矩线，就可得到不同输出转矩下的调节特性。幅值控制时交流伺服电动机的调节特性如图 3-9 所示。

从图 3-9 中可以看出，幅值控制时交流伺服电动机的调节特性不是线性关系。只有在转速比较低和有效信号系数不大的范围内才近于线性关系。调节特性曲线与横轴的交点，表示一定负载转矩时，交流伺服电动机的最小控制电压值，该电压称为始动电压。当负载转矩一定时，只有控制电压大于与该负载转矩对应的始动电压，伺服电动机才能启动。

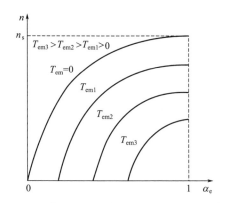

图 3-9　幅值控制时交流伺服电动机的调节特性

3.5　两相异步伺服电动机的额定值与性能指标

3.5.1　两相异步伺服电动机的额定值

（1）额定励磁电压

励磁绕组电压的允许变动范围一般为额定励磁电压的±5%左右。电压太高，电动机会发热；电压太低，电动机的性能将变坏，如堵转转矩和输出功率会明显下降，加速时间增加等。

当电动机采用幅值-相位控制时，应注意到励磁绕组两端电压会高于电源电压，而且随转速升高而增大。

（2）额定控制电压

控制绕组的额定电压有时也称最大控制电压，在幅值控制条件下加上这个电压，电动机就能得到圆形旋转磁场。

（3）额定频率

目前控制电动机常用的频率分低频和中频两大类，低频为 50Hz（或 60Hz），中频为 400Hz（或 500Hz）。因为频率越高，涡流损耗越大，所以中频电动机的铁芯需用更薄的硅钢片，一般低频电动机用厚度为 0.35～0.5mm 的硅钢片，而中频电动机用厚度为 0.2mm 以下的硅钢片。

中频和低频电动机一般不可以互相代替使用，否则电动机性能会变差。

（4）空载转速

定子两相绕组加上额定电压，电动机不带任何负载时的转速称为空载转速 n_0。空载转速与电动机的极数有关。由于电动机本身阻转矩的影响，空载转速略低于同步转速 n_s。

（5）堵转转矩和堵转电流

定子两相绕组加上额定电压，转速等于零时的输出转矩，称为堵转转矩 T_K（又称启动转矩 T_{st}）。这时流过励磁绕组和控制绕组的电流分别称为堵转励磁电流和堵转控制电流。堵转电流通常是电流的最大值，可作为设计电源和放大器的依据。

（6）额定输出功率

当电动机处于对称状态时，输出功率 P_2 随转速 n 变化的情况如图 3-10 所示。当转速接近空载转速 n_0 的一半时，输出功率最大，通常就把这个点规定为两相异步伺服电动机的额定状态。电动机可以在这个状态下长期连续运转而不过热。这个最大的输出功率就是电动机的额定功率 P_{2N}。对于这个状态下的转矩和转速称为额定转矩 T_N 和额定转速 n_N。

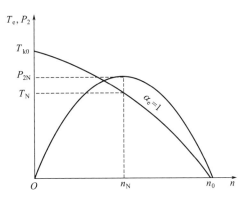

图 3-10　两相异步伺服电动机的额定状态

3.5.2　两相异步伺服电动机的主要性能指标

（1）空载始动电压 U_{s0}

在额定励磁电压和空载情况下，使转子在任意位置开始连续转动所需的最小控制电压被定义为空载始动电压 U_{s0}，通常以额定控制电压的百分比来表示。U_{s0} 越小，表示伺服电动机的灵敏度越高。一般要求 U_{s0} 不大于额定控制电压的 $3\% \sim 4\%$。用于精密仪器仪表中的两相交流异步伺服电动机，有时要求 U_{s0} 不大于额定控制电压的 1%。

（2）机械特性非线性度 k_m

在额定励磁电压下，将任意控制电压时的实际机械特性与线性机械特性在转矩 $T_e = T_{st}/2$（T_{st} 为启动转矩）时的转速偏差 Δn 与空载转速 n_0（对称状态时）之比的百分数，定义为机械特性非线性度 k_m，即

$$k_m = \frac{\Delta n}{n_0} \times 100\%$$

机械特性的非线性度如图 3-11 所示。

（3）调节特性非线性度 k_v

在额定励磁电压和空载情况下，当 $\alpha_e = 0.7$ 时，实际调节特性与线性调节特性的转速偏差 Δn 与 $\alpha_e = 1$ 时的空载转速 n_0 之比的百分数，被定义为调节特性非线性度 k_v，即

$$k_v = \frac{\Delta n}{n_0} \times 100\%$$

调节特性的非线性度如图 3-12 所示。

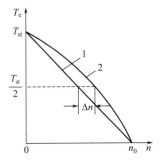

图 3-11　机械特性的非线性度

1—线性机械特性；2—实际机械特性

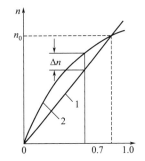

图 3-12　调节特性的非线性度

1—线性调节特性；2—实际调节特性

以上特性的非线性度越小，特性曲线越接近直线，系统的动态误差就越小，工作就越准确，一般要求 $k_m \leqslant 10\% \sim 20\%$，$k_v \leqslant 20\% \sim 25\%$。

（4）机电时间常数 τ_m

当转子电阻相当大时，交流伺服电动机的机械特性接近于直线。如果把 $\alpha_e = 1$ 时的机械特性近似地用一条直线来代替，那么与这条机械特性相对应的机电时间常数就与直流伺服电动机机电时间常数表达式相同。

对伺服电动机而言，机电时间常数 τ_m 是反映电动机动态响应快速性的一项重要指标。在技术数据中给出的机电时间常数是用对称状态下的空载转速 n_0 代替同步转速 n_s，按照下式计算所得，即

$$\tau_m = 0.1047 \frac{J n_s}{T_{k0}}$$

式中，T_{k0} 仍为对称状态下的堵转转矩；J 为伺服电动机的转动惯量。

考虑到机械特性的非线性及有效信号系数变化的影响，两相交流异步伺服电动机实际运行时的机电时间常数 τ'_m 与 τ_m 有所不同。

3.6　交流伺服电动机的选择

（1）运行性能的选择

① 机械特性。交流伺服电动机的机械特性是非线性的。从机械特性的线性度进行比较，相位控制时最好，而幅值-相位控制时最差。从机械特性的斜率进行比较，幅值控制时机械特性斜率很大，所以在选择时要综合考虑。

② 快速响应。衡量伺服电动机的响应快慢（启动快慢）以机电时间常数为依据。一般来说，交流伺服电动机具有较好的快速响应特性。

③ 自转。应注意在控制电压等于零时，交流伺服电动机应不产生自转现象。

④ 使用频率。交流伺服电动机常用频率分低频和中频两大类。低频为 50Hz（或 60Hz），中频有 400Hz（或 500Hz）。因为频率越高，涡流损耗越大，所以中频电动机的铁芯采用 0.2mm 以下的硅钢片叠成，以减少涡流损耗；低频电动机则采用 0.35～0.5mm 的硅钢片。低频电动机不应用中频电源，否则电动机的性能会变差。在不得已时，若低频电源与中频电源互相代替使用，应注意随频率正比地改变电压，以保持电流仍为额定值，这样，电动机发热可以基本上不变。

（2）结构形式的选择

① 笼型转子交流伺服电动机。叠片式定子铁芯，细而长的笼型转子，转动惯量小，控制灵活，定、转子之间气隙小；重量轻、体积小、效率高、耐高温、机械强度高、可靠性高、价格低廉。ND 系列应用于自动装置及计算机中作执行元件；SD 系列除可应用在 ND 系列的应用领域外，还可在上述领域作驱动动力；SA 系列在控制系统中将电信号转换为轴上的机械传动量；SL 系列应用在自动控制、随动系统及计算机中作执行元件。

② 空心杯形转子交流伺服电动机。转子用铝合金制成空心杯形状，转子细而长，重量轻，转动惯量小，快速响应好，运行平稳；但气隙大，电动机尺寸大，在高温和振动下容易变形。主要用于要求转速平稳的装置，如计算装置中的积分网络。

3.7　交流伺服电动机的使用与维修

3.7.1　交流伺服电动机使用注意事项

（1）交流伺服电动机的使用原则

① 交流伺服电动机的电源是两相的，但通常的电源是三相的或是单相的，这样就要将电源移相之后才能使用。对于三相有中线的电源，可取一相电压及其他两相之间的线电压分别作为励磁电压和控制电压；对于三相无中线的电源，可利用三相变压器二次的相电压和线电压形成90°相位移的电源系统。如果只有单相电源，则需要通过移相电容产生两相电源，通过对电容值的合理选择，可以使励磁电压和控制电压正好相差90°电角度。通常，移相电容为零点几微法到几十微法。

② 在控制系统中，控制信号通常通过放大器加到交流伺服电动机的控制绕组上。这样，大的控制电流和控制功率就会增大放大器的负担，使放大器的体积和质量增大。可以通过在控制绕组两端并联电容的方法，提高控制相的功率因数，从而减小放大器输出的无功电流，减小放大器的负担。

③ 交流伺服电动机为了满足控制性能的要求，转子电阻通常都设计得比较大，而且经常工作在低速段和不对称状态，因此它的损耗比一般电动机大，发热多，效率低。为了保证其温升不超过允许值，在安装时应改善散热条件，如将电动机安装在面积足够大的金属支架上，以保证通风良好，远离其他热源。

（2）交流伺服电动机使用注意事项

① 50Hz工频的伺服电动机多为2或4极高速电动机，400Hz中频的多为4、6、8极的中速电动机，更多极数的慢速电动机是很不经济的。

② 为了提高速度适应性能，减小时间常数，应设法提高启动转矩，减小转动惯量，降低启动电压。

③ 伺服电动机的启动和控制十分频繁，且大部分时间在低速下运行，所以需要注意散热问题。

④ 输入阻抗随转速上升而变大，功率因数变小。额定电压越低、功率越大的伺服电动机，输入阻抗越小。

3.7.2　交流伺服电动机的维修

（1）交流伺服电动机的维护保养

① 交流伺服电动机应按照制造厂提供的使用维护说明书中的要求正确存放、使用和维护。对于超过制造厂保证期的交流伺服电动机，必须对轴承进行清洗并更换润滑油脂，有时甚至需要更换轴承。经过这样的处理并重新进行出厂项目的性能测试后，便可以作为新出厂的电动机来使用。

② 要防止人体触及电动机内部危险部件，以及外来物质的干扰，保证电动机正常工作。但大部分切削液、润滑液等液态物质渗透力很强，电动机长时间接触这些液态物质，很可能

会导致不能正常工作或使用寿命缩短。因此，在电动机安装使用时需采取适当的防护措施，尽量避免接触上述物质，更不能将其置于液态物质里浸泡。

③ 当电动机电缆排布不当时，可能导致切削液等液态物质沿电缆导入并积聚到插接件处，继而引起电动机故障，因此在安装时尽量使电动机插接件侧朝下或超出水平方向布置。

④ 当电动机插接件侧朝水平方向时，电缆在接入插接件前需作滴状半圆形弯曲。

⑤ 当由于机器的结构关系，难以避免要求电动机接插件侧朝上时，需采取相应的防护措施。

交流伺服电动机因为没有电刷之类的滑动接触，故其机械强度高、可靠性高、寿命长，只要使用恰当，使用中故障率通常较低。

（2）交流伺服电动机的检修

① 交流伺服电动机的基本检查。原则上说，交流伺服电动机不需要维修，因为它没有易损件。但由于交流伺服电动机内含有精密检测器，因此，当发生碰撞、冲击时可能会引起故障，维修时应对电动机做如下检查。

a. 是否受到任何机械损伤。

b. 旋转部分是否可用手正常转动。

c. 带制动器的电动机，制动器是否正常。

d. 是否有任何松动螺钉或间隙。

e. 是否安装在潮湿、温度变化剧烈和有灰尘的地方。

② 交流伺服电动机维修完成后，安装伺服电动机要注意以下几点。

a. 由于伺服电动机防水结构不是很严密，如果切削液、润滑油等渗入内部，会引起绝缘性能降低或绕组短路，因此，应尽可能避免切削液的飞溅。

b. 当伺服电动机安装在齿轮箱上时，加注润滑油时应注意齿轮箱的润滑油油面高度必须低于伺服的输出轴，防止润滑油渗入电动机内部。

c. 固定伺服电动机联轴器、齿轮、同步带等连接件时，在任何情况下，作用在电动机上的力不能超过电动机容许的径向、轴向负载。

d. 按说明书规定，对伺服电动机和控制电路之间进行正确的连接（见机床连接图）。连接中的错误，可能引起电动机的失控或振荡，也可能使电动机或机械件损坏。当完成接线后，在通电之前，必须进行电源线和电动机壳体之间的绝缘测量，测量用500V兆欧表进行。然后，再用万能表检查信号线和电动机壳体之间的绝缘。注意：不能用兆欧表测量脉冲编码器输入信号的绝缘。

3.8　交流伺服电动机常见故障及其排除方法

交流伺服电动机常见故障及其排除方法见表3-2。

表 3-2　直流伺服电动机常见故障及其排除方法

常见故障	产生原因	排除方法
定子绕组不通	①固定螺钉伸入机壳过长,损伤了定子绕组端部 ②引出线拆断 ③接线柱脱焊	①使用的固定螺钉不宜过长,或在机壳内侧同定子绕组端部之间加保护垫圈 ②检查引出线并焊接 ③检查接线柱并消除缺陷

续表

常见故障	产生原因	排除方法
始动电压增大	① 轴承润滑油脂干涸 ② 轴承出现锈蚀或损坏 ③ 轴向间隙太小	① 存放时间长时清洗轴承，加新润滑油脂 ② 更换新轴承 ③ 适当调整增大轴向间隙
转子转动困难，甚至卡死转不动	电动机过热后定子灌注的环氧树脂膨胀，使定、转子产生摩擦	电动机不能过热，拆开定、转子，将定子内圆膨胀后的环氧树脂清除
定子绕组对地绝缘电阻降低	① 定子绕组或接线板吸收潮气 ② 引出线受损伤或碰端盖、机壳 ③ 接线板有油污，不干净	① 将嵌有定子绕组的部件或接线板放入烘箱（温度 80℃左右）进行烘干，除去潮气 ② 检修引出线或接线板 ③ 对接线板进行清理
发生单相运转现象	① 供电频率增高 ② 控制绕组两端并联电容器的电容量不合适 ③ 控制电压中存在干扰信号过大 ④ 伺服放大器内阻过大	① 调整供电频率 ② 调整并联电容器电容量 ③ 伺服放大器设置补偿电路 ④ 降低伺服放大器内阻；伺服放大器功率输出级加电压负反馈

3.9　交流伺服电动机的应用

交流伺服电动机在自动控制系统、自动检测系统和计算装置中主要作为执行元件。交流伺服电动机在自动控制系统中的应用实例很多，例如工业上发电厂闸门的开启，轧钢机中轧辊间隙的自动控制，军事上火炮和雷达的定位等。交流伺服电动机在检测装置中应用的例子很多，例如电子自动电位差计，电子自动平衡电桥。

在计算装置中，交流伺服电动机和其他控制元件一起组成各种计算装置，可以进行加、减、乘、除、乘方、开方、正弦函数、微分和积分等运算。

图 3-13 是交流伺服电动机在热电偶温度计的自动平衡电位计电路中的应用。在测量温度时，将开关合在 b 点，利用电位计电阻 R_2 段上的电压降来平衡热电偶的电动势。当两者不相等时，就产生不平衡电压（即差值电压）ΔU。不平衡电压经变流器变换为交流电压，而后经电子放大器放大。放大器的输出端接交流伺服电动机的控制绕组。于是电动机便转动起来，从而带动电位计电阻的滑动触点。滑动触点的移动方向，正好是使电路平衡的方向。一旦达到平衡（$\Delta U = 0$），电动机便停止转动。这时电阻 R_2 上的电压降 $R_2 I_0$ 恰好与热电动势 E_t 相等。如果将 I_0 保持为标准值，则电阻 R_2 的大小就可反映出热电动势或直接反映出被测温度的大小。当被测温度高低发生变化时，ΔU 的极性不同，也就是控制电压的相位不同，从而使伺服电动机正转或反转再达到平衡。

为了使电流 I_0 保持为恒定的标准值，在测量前或校验时，可将开关合在 a 点，将标准电池（其电动势为 E_0）接入。而后调节 R_3，使 $(R_1 + R_2) I_0 = E_0$，即使 $\Delta U = 0$。这时的电流 I_0 即等于标准值。可变电阻器 R_3 的滑动触点也常用伺服电动机来带动，以自动满足 $(R_1 + R_2) I_0 = E_0$ 的要求。

同时，交流伺服电动机也带动温度计的指针和记录笔，在记录纸上记录温度数值；另有微型同步电动机以匀速带动记录纸前进（在图 3-13 上均未示出）。

上述的自动平衡电位计电路可用图 3-14 所示的闭环控制的方框图来表示。因为信号的传送途径是一闭合环路，故称为闭环。当输入端的温度发生变化时，产生不平衡信号 ΔU，将此信号经变流和放大后传送到输出端的交流伺服电动机，电动机通过电位计又使输入端平衡（$\Delta U = 0$）。这种将控制系统输出端的信号通过某种电路（反馈电路）引回到输入端的方

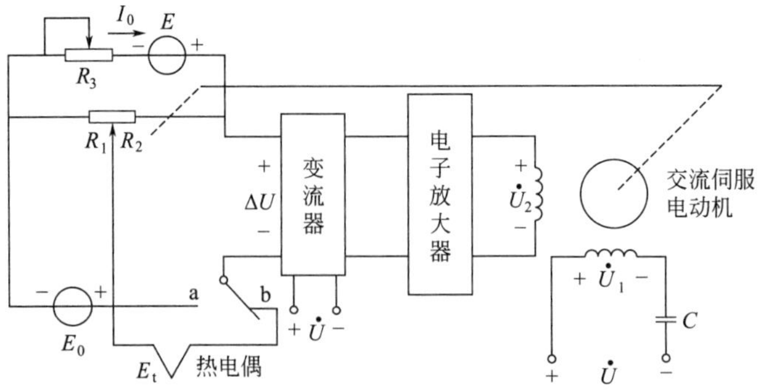

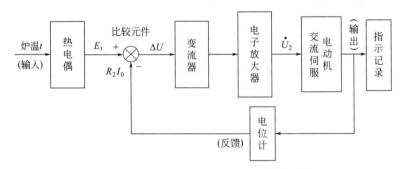

图 3-13　自动平衡电位计电路的原理图

式，称为反馈。若引回的信号（如图中的 $R_2 I_0$）与输入端的信号（如图中的 E_t）是相减的，使差值信号（如 ΔU）减小，则称为负反馈。由于闭环控制总是通过反馈来实现，所以闭环控制系统也称为反馈控制系统。在图 3-14 中，因为 E_t 和 $R_2 I_0$ 都是电压，只要使它们连接的极性相反，就可得出差值电压 ΔU，所以不需要专门的比较元件。

图 3-14　自动平衡电位计电路的闭环控制方框图

第 4 章
直流测速发电机

4.1　测速发电机概述

4.1.1　测速发电机的用途

　　测速发电机是一种测量转速的电磁装置。它能把输入的机械转速变换为电压信号输出。这就要求输出电压 U_2 与转速 n 成正比关系，如图 4-1 所示。其输出电压也可用下式表示：

$$U_2 = Kn$$

　　或　　　　$$U_2 = K'\omega = K'\frac{\mathrm{d}\theta}{\mathrm{d}t}$$

式中　ω——测速发电机的角速度；

　　　θ——测速发电机转子的转角（角位移）；

　K，K'——比例系数。

　　由上式可知，测速发电机的输出电压正比于转子转角对时间的微分。因此，在解算装置中也可以把它作为微分或积分元件。

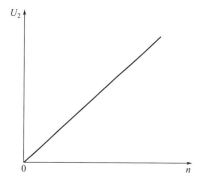

图 4-1　测速发电机输出电压与转速的关系

　　实际应用中，测速发电机广泛用于各种速度控制系统中。例如，用于速度负反馈系统，以便实现对系统速度的实时检测与自动调节；或用作阻尼元件，利用所产生的反馈信号来提高系统跟踪的稳定性和精度；在解算装置中可用作微分或积分元件等。此外，在有些场合，还可以直接用作速度计，用来测量各种运动机械在转动、摆动或直线运动时的速度。

　　测速发电机主要分为交流和直流两大类。其中，交流测速发电机按工作原理可分为同步和异步（又称感应）两种；直流测速发电机按励磁方式可分为电磁式和永磁式两种。

4.1.2　自动控制系统对测速发电机的要求

　　在自动控制系统和计算装置中通常作为测速元件、校正元件、解算元件和角加速度信号元件等。自动控制系统对测速发电机的要求，主要是精确度高、灵敏度高、可靠性好等，具体为：

① 输出电压与转速保持良好的线性关系；

② 剩余电压（转速为零时的输出电压）要小；

③ 输出电压的极性和相位能反映被测对象的转向；

④ 正反转两个方向的输出特性要一致；

⑤ 温度变化对输出特性的影响小；

⑥ 输出电压的斜率大，即转速变化所引起的输出电压的变化要大；

⑦ 摩擦转矩和惯性要小，以保证反应迅速。

此外，还要求它的体积小、重量轻、结构简单、工作可靠、对无线电通信的干扰小、噪声小等。

对于直流测速发电机还要求在一定转速下输出电压交流分量小，无线电干扰小；对于交流测速发电机还要求在工作转速变化范围内输出电压相位变化小。

在实际应用中，不同的自动控制系统对测速发电机的性能要求各有所侧重。例如作解算元件时，对线性误差、温度误差和剩余电压等都要求较高，一般允许在千分之几到万分之几的范围内，但对输出电压的斜率要求却不高；作较正元件时，对线性误差等精度指标的要求不高，而要求输出电压的斜率要大。

4.1.3　直流测速发电机的分类

直流测速发电机是一种微型直流发电机，它的定子、转子结构均和直流伺服电动机基本相同。若按定子磁极的励磁方式来分，直流测速发电机可以分为电磁式和永磁式两大类。

电磁式直流测速发电机的励磁方式通常为他励式；永磁式直流测速发电机不需要另加励磁电源，也不存在因励磁绕组温度变化而引起的特性变化，因此，永磁式直流测速发电机被广泛采用。

为满足控制的要求，有一些直流测速发电机采用了无槽电枢或盘形电枢等特殊结构，以减小转动惯量、提高性能。与交流测速发电机相比，直流测速发电机突出的优点是灵敏度高、线性误差小。缺点是结构复杂，存在不灵敏区，这是电刷和换向器的存在而引起的。

4.2　直流测速发电机的基本结构与工作原理

直流测速发电机就其物理本质来说是一种测量转速的微型直流发电机。从能量转换的角度看，它把机械能转换成电能，输出直流电；从信号转换的角度看，它把转速信号转换成与转速 n 成正比的直流电压信号输出，其输出电压 U 可表示为

$$U = kn$$

直流测速发电机的工作原理与直流发电机相同。下面分别介绍电磁式直流测速发电机、永磁式直流测速发电机和电子换向式无刷直流测速发电机的基本结构和工作原理。

4.2.1 电磁式直流测速发电机

（1）电磁式直流测速发电机的基本结构

电磁式直流测速发电机一般采用他励形式，直流励磁绕组由外部直流电源供电。电磁式直流测速发电机由定子、电枢、电刷装置等组成，其结构如图 4-2 所示。

① 定子。定子由定子铁芯和励磁绕组等组成。定子铁芯通常由硅钢片冲制叠装而成，磁极和磁轭整体相连，在磁极铁芯上套有励磁绕组，如图 4-3 所示。

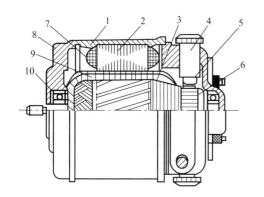

图 4-2 电磁式直流测速发电机结构简图

1—机壳；2—定子铁芯；3—电枢；4—电刷座；5—电刷；
6—换向器；7—励磁绕组；8—端盖；9—空气隙；10—轴承

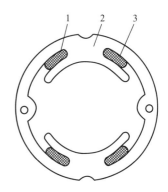

图 4-3 电磁式直流测速发电机定子冲片

1—磁极；2—磁轭；3—励磁线圈

定子作为发电机的机械支撑，同时产生主磁场，一般将定子铁芯的主磁极和磁轭加工成一体，由 0.35～0.5mm 厚的电工钢板冲片叠压而成，用铆钉把冲片铆紧，固定在机座上。主磁极铁芯分成极靴和极身。极靴的作用是使气隙磁通密度的空间分布均匀，并减小气隙磁阻。

励磁绕组由铜线制成，将励磁绕组包上绝缘材料后套在磁极上，励磁绕组通入直流电时，产生磁场，形成磁极，即 N、S 极。

② 电枢。直流测速发电机的转子通常称为电枢，电枢由电枢铁芯、电枢绕组和换向器等组成。电枢铁芯是主磁路的一部分，由 0.35～0.5mm 厚的电工钢板冲片叠压而成，并用绝缘漆作为片间绝缘。电枢铁芯冲片如图 4-4 所示，电枢外圆均匀地分布许多槽，在电枢槽内嵌放电枢绕组。

电枢绕组由铜线绕成，预先制成元件，嵌放在槽内，然后将元件的两个端头按照一定的规律分别接到两片换向片上，构成电枢绕组。

换向器把交流电变换成直流电，因此又称"换流装置"，它由多个换向片组成，换向片间用塑料或云母绝缘，每个换向片与元件相连。

③ 电刷装置。电刷装置是直流测速发电机的重要组成部分，它连接外部电路和换向器，把电枢绕组中的交变电动势变成外电路的直流电动势。电刷被安装在电刷座中，用弹簧将它压在换向器表面上，使之有良好的滑动接触。

（2）电磁式直流测速发电机的工作原理

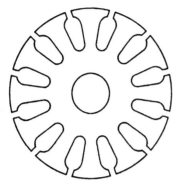

图 4-4　电枢铁芯冲片

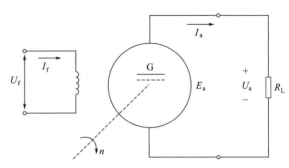

图 4-5　电磁式直流测速发电机工作原理

直流测速发电机的工作原理与一般直流发电机相同，所不同的是测速发电机不以输出电功率为主要目的，而是输出一个电压信号，如图 4-5 所示。

空载时，电枢电流 $I_a = 0$，直流测速发电机的输出电压 U_a 和电枢感应电动势 E_a 相等，即

$$U_a = E_a = \frac{pN\Phi}{60a}n = C_e\Phi n = K_e n$$

式中，p 为极对数；N 为电枢绕组总导体数；Φ 为每极磁通量，Wb；a 为电枢绕组并联支路对数；K_e 为电动势常数；n 为转速。

负载时，电枢电流 $I_a \neq 0$，直流测速发电机的输出电压为

$$U_a = E_a - I_a R_a$$

式中，R_a 为电枢回路的总电阻。它包括电枢绕组电阻、电刷和换向器之间的接触电阻。

带负载后，测速发电机的输出电压比空载时小，这正是由电阻 R_a 的电压降造成的。负载时电枢电流为

$$I_a = \frac{U_a}{R_L}$$

式中，R_L 为测速发电机的负载电阻。

将上式代入 $U_a = E_a - I_a R_a$ 中，得

$$U_a = E_a - \frac{U_a}{R_L}R_a$$

则测速发电机的输出电压为

$$U_a = \frac{E_a}{1 + \dfrac{R_a}{R_L}}$$

将 $E_a = C_e\Phi n = K_e n$ 代入上式得

$$U_a = \frac{K_e}{1 + \dfrac{R_a}{R_L}}n = Kn$$

式中

$$K = \frac{K_e}{1 + \dfrac{R_a}{R_L}}$$

为测速发电机输出特性的斜率。

4.2.2 永磁式直流测速发电机

（1）永磁式直流测速发电机的基本结构

永磁式直流测速发电机的基本结构与一般小型永磁式直流发电机相似，分为定子和电枢（又称转子）两个部分。定子磁极一般采用铁氧体永磁；电枢主要由电枢铁芯和电枢绕组构成，在电枢结构形式上，可以做成有槽式电枢，也可以做成无槽式电枢以及盘式印制绕组电枢等；另外还有换向器和电刷装置等。

（2）永磁式直流测速发电机的工作原理

永磁式直流测速发电机的工作原理与永磁式直流发电机相似，所不同的是测速发电机不以输出电功率为主要目的，而是输出一个电压信号，这个电压信号的大小应与被测机械的运动速度成正比。因此，其主要技术指标与普通直流发电机完全不同。永磁式直流测速发电机的电气原理图如图 4-6 所示。

永磁式直流测速发电机定子的永磁体磁极在电机气隙中将建立一个恒定磁场。当电枢与原动机轴一起旋转时，电枢导体便切割气隙磁场，并产生感应电动势。在不同磁极下，导体感应电动势的方向是不同的，通过换向器换向，就可以在电刷两端获得极性不变的直流电压信号。

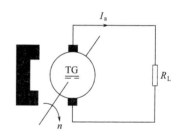

图 4-6　永磁式直流测速发电机电气原理图

根据电机学原理，当直流测速发电机空载时，电枢电流 $I_a = 0$，电刷两端的端输出电压 U_a 等于电枢绕组的感应电动势 E_a，它们与转速 n 之间的关系为

$$U_a = E_a = \frac{pN\Phi}{60a}n = C_e\Phi n = K_e n$$

式中，p 为极对数；N 为电枢绕组总导体数；Φ 为每极磁通量，Wb；a 为电枢绕组并联支路对数；K_e 为电动势常数；n 为转速，r/min；U_a 为输出电压，V；E_a 为电枢绕组的感应电动势，V。

可以看出，由于电机空载时永磁体磁极的每极磁通量 Φ 是恒定不变的，因此，永磁直流测速发电机电刷两端输出的空载直流电压 U_a 与转速 n 成正比。这就是永磁直流测速发电动机的基本工作原理。

4.2.3 电子换向式无刷直流测速发电机

无刷直流测速发电机包括霍尔无刷直流测速发电机和电子换向式无刷直流测速发电机两种。

电子换向式无刷直流测速发电机是一种机电一体化产品。它以电子换向电路代替了有刷直流测速发电机的电刷及换向器，从而克服了有刷直流测速发电机因机械换向所引起的种种缺点，又保持了有刷直流测速发电机外特性的优点。无刷直流测速发电机原则上可使用于有刷直流测速发电机的所有应用领域，特别适用于高真空、低气压、强振动冲击、存在有害介质及易燃易爆等一般有刷直流测速发电机难以适应的恶劣环境。

（1）电子换向式无刷直流测速发电机的基本结构

电子换向式无刷直流测速发电机由发电机本体、电子换向电路和位置传感器三部分组成。测速发电机本体是一台多相永磁交流发电机，其定子上放置有多相对称绕组，转子为永磁体磁极。电子换向电路主要由电子开关电路、加法放大电路以及采样信号形成电路等组成。一般利用霍尔元件作为转子位置传感器。图 4-7 为电子换向式无刷直流测速发电机的原理图。电子换向式无刷直流测速发电机的原理框图如图 4-8 所示。

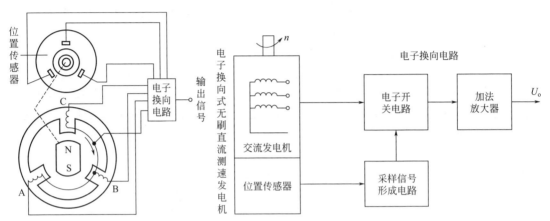

图 4-7　电子换向式无刷
直流测速发电机原理图

图 4-8　电子换向式无刷直流测速发电机原理框图

（2）电子换向式无刷直流测速发电机的工作原理

当永磁转子由原动机驱动旋转时，定子绕组中将感应出多相对称的梯形波电动势，各相定子绕组的输出端子与电子开关电路的输入端相连。位置传感器信号经过逻辑处理，用来控制开关电路的通断，对多相交流电压梯形波依次进行分段采样，然后在加法放大电路中将各段采样信号组合成正比于转速的直流电压输出。

当被反向驱动时，交流发电机发出的梯形波电动势的相序改变，通过采样后从加法放大器输出极性相反的直流电压。

无刷直流测速发电机中的多相永磁式交流发电机与普通永磁式交流发电机的不同点在于，其定子每相绕组的感应电动势为梯形波，并且对梯形波的顶部宽度和平坦度有严格要求，而普通永磁式交流发电机则要求尽可能地削弱谐波电动势分量，使电动势波形为正弦形。

这种测速发电机的特点是不存在不灵敏区，没有电刷与换向器接触等所造成的缺陷，性能较好，但它的结构较复杂。

4.3　直流测速发电机的输出特性与误差分析

4.3.1　直流测速发电机的输出特性

测速发电机的输出电压 U_a（V）与被测转速 n（r/min）之间的函数关系 $U_a = f(n)$

称为输出特性。

由前面的分析可知，直流测速发电机空载时，其输出的直流电压 U_a 与转速 n 成正比。然而，当测速发电机的输出端与伺服系统相连接（即负载）时，电枢电流 $I_a \neq 0$，此时测速发电机输出特性斜率 K 为

$$K = \frac{K_e}{1 + \dfrac{R_a}{R_L}}$$

当不计电枢反应、温度及电刷接触电阻等因素影响时，Φ，R_a，R_L 均为常值，斜率 K 也是一个常数，这时直流测速发电机的输出特性曲线为直线，如图 4-9 中的实线所示。

可以看出，对于不同的负载电阻 R_L，其输出特性的斜率也不同，随着负载电阻 R_L 的减小，斜率 K 将逐渐降低。为了使测速发电机具有较高的灵敏度，应使之具有较高的斜率，因此，负载电阻 R_L 应取较大值。

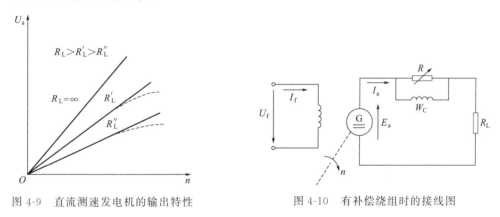

图 4-9　直流测速发电机的输出特性　　　　图 4-10　有补偿绕组时的接线图

4.3.2　直流测速发电机的误差分析

实际上直流测速发电机的输出特性并不是严格的线性特性，而是与线性特性之间存在有误差。下面讨论产生误差的原因及减小误差的方法。

（1）电枢反应的影响

当直流测速发电机带负载时，负载电流流经电枢，产生电枢反应的去磁作用，使电机气隙磁通减小。因此，在相同转速下，负载时电枢绕组的感应电动势比在空载时电枢绕组的感应电动势小。负载电阻越小或转速越高，电枢电流就越大，电枢反应的去磁作用越强，气隙磁通减小得越多，输出电压下降越显著，致使输出特性向下弯曲，如图 4-9 中的虚线所示。

为了减小电枢反应对输出特性的影响，应尽量使电机的气隙磁通保持不变。通常采取以下一些措施：

① 对电磁式直流测速发电机，在定子磁极上安装补偿绕组 W_C。有时为了调节补偿的程度，还接有分流电阻 R，如图 4-10 所示。

② 在设计电动机时，选择较小的线负荷和较大的空气隙。

③ 在使用时，转速不应超过最大线性工作转速，所接负载电阻不应小于最小负载电阻。

（2）电刷接触电阻的影响

直流测速发电机电枢电路总电阻中包括电刷与换向器的接触电阻。测速发电机带负载时，由于电刷与换向器之间存在接触电阻，会产生电刷的接触压降，使输出电压降低。

电刷接触电阻是非线性的，它与流过的电流密度有关。当电枢电流较小时，接触电阻大，接触压降也大；电枢电流较大时，接触电阻较小，而且基本上趋于稳定的数值，线性误差相对而言小得多。可见接触电阻与电流成反比。只有电枢电流较大，电流密度达到一定数值后，电刷接触压降才可近似认为是常数。考虑到电刷接触压降的影响，直流测速发电机的输出特性如图 4-11 所示。

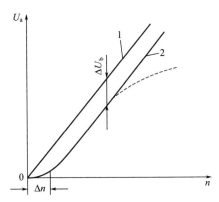

当输入的转速较低时，接触电阻较大，使此时本来就不大的输出电压变得更小，造成线性误差很大。由图 4-11 可见，在转速较低时，输出特性上有一段输出电压极低的区域，这一区域叫不灵敏区。以符号 Δn 表示，即在此区域内，测速发电机虽然有输入信号（转速），但输出电压很小（甚至为零），对转速的反应很不灵敏。接触电阻越大，不灵敏区也越大。

为了减小电刷接触压降的影响，缩小不灵敏区，在直流测速发电机中，常常采用导电性能较好的黄铜-石墨电刷或含银金属电刷。

图 4-11　考虑电刷接触压降后的输出特性

（3）电刷位置的影响

当直流测速发电机带负载运行时，若电刷没有严格地位于几何中性线上，会造成测速发电机正反转时输出电压不对称，即在相同的转速下，测速发电机正反向旋转时，输出电压不完全相等。这是因为当电刷偏离几何中性线一个不大的角度时，电枢反应的直轴分量磁通在一种转向下起着去磁作用，而在另一种转向下起着增磁作用。因此，在两种不同的转向下，尽管转速相同，电枢绕组的感应电动势不相等，其输出电压也不相等。

（4）温度的影响

电磁式直流测速发电机在实际工作时，由于周围环境温度的变化以及电机本身发热（由电动机各种损耗引起），都会引起电机中励磁绕组电阻的变化。当温度升高时，励磁绕组电阻增大。这时即使励磁电压保持不变，励磁电流也将减小，从而引起气隙磁通也随之减小，导致电枢绕组的感应电动势和输出电压降低，输出特性斜率减小，使输出特性向下弯曲。

为了减小温度变化对输出特性的影响，通常可采取下列措施。

① 设计直流测速发电机时，通常把磁路设计为饱和状态。根据磁化曲线可知，当温度变化时引起励磁电流变化，在磁路饱和时励磁电流变化引起的磁通变化要比磁路非饱和时小得多，从而减小非线性误差。

② 在励磁回路中串联一个阻值比励磁绕组电阻大几倍的附加电阻来稳流。附加电阻可用温度系数较低的合金材料制成。这样尽管温度变化，引起励磁绕组电阻变化，但整个励磁回路总电阻的变化不大，磁通变化也不大，从而减小温度变化而产生的线性误差。其缺点是励磁电源电压也需增高，励磁功率随之增大。

③ 励磁回路由恒流源供电，但相应的造价会提高。

当然，温度的变化也要影响电枢绕组的电阻。但是由于电枢电阻数值较小，所造成的影响也较小，所以可不予考虑。

4.4 直流测速发电机的主要技术指标

（1）线性误差 δ

在直流测速发电机工作转速范围内，实际输出电压与理想输出电压的最大差值 ΔU_m 与最大理想输出电压 U_{am} 之比称为线性误差，即

$$\delta = \frac{\Delta U_m}{U_{am}} \times 100\%$$

线性误差计算原理图如图 4-12 所示，B 点一般为 $n_b = \frac{5}{6} n_{max}$ 时实际输出特性的对应点，一般系统要求 $\delta = 1\% \sim 2\%$，要求较高的系统 $\delta = 0.1\% \sim 0.25\%$。

（2）最大线性工作转速 n_{max}

在允许的线性误差范围内的电枢最高转速称为最大线性工作转速，亦即测速发电机的额定转速。实际应用中直流测速发电机的转速小于此值，否则线性度变差。

（3）输出斜率 K_g

在额定的励磁条件下，单位转速（1000r/min）时所产生的输出电压称为输出斜率，也称灵敏度。此值越大越好，增大负载电阻，可提高输出斜率。一般直流测速发电机空载时可达 $10 \sim 20V$。

（4）最小负载电阻 R_L

最小负载电阻是保证输出特性在允许误差

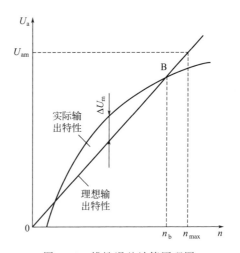

图 4-12 线性误差计算原理图

范围内的最小负载电阻值。在使用时，接到电枢两端的电阻应不小于此值，否则电枢电流增大，去磁作用增强，输出特性线性度变差。

（5）不灵敏区 Δn

由于换向器与电刷间的接触压降 ΔU_b 而导致测速发电机输出特性斜率显著下降（几乎为零）的转速范围，称为不灵敏区 Δn。

（6）输出电压的不对称度 K_{ub}

在相同转速下，测速发电机正反转时的输出电压绝对值之差 ΔU_2 与两者平均值 U_{av} 之比称为输出电压的不对称度 k_{ub}，即

$$k_{ub} = \frac{\Delta U_2}{U_{av}} \times 100\%$$

它是由电刷不在几何中性线上或存在剩余磁通造成的，一般不对称度为 $0.35\% \sim 2\%$。

（7）纹波系数 K_u

在一定转速下，输出电压中交流分量的峰值与直流分量之比称为纹波系数 k_u。目前可做到 $k_u < 1\%$，高精度伺服系统对 k_u 的要求是其值尽量小。

4.5　直流测速发电机的选用

4.5.1　测速发电机选用的基本原则

选用测速发电机时，应根据系统的频率、电压、工作速度范围和在系统中所起的作用来选。例如：作解算元件时考虑线性误差要小、输出电压的稳定性要好；作一般速度检测或阻尼元件时灵敏度要高；对要求快速响应的系统则应选转动惯量小的测速发电机等。当使用直流或交流测速发电机都能满足系统要求时，则需考虑到它们的优缺点，全面权衡，合理选用。

直流测速发电机不存在输出电压相位移；无剩余电压；输出功率较大，可带较大负载；温度补偿也比较容易。因有电刷、换向器，故结构复杂，维护困难，且摩擦转矩较大，对无线电有干扰，存在不灵敏区。

与直流测速发电机相比，交流感应测速发电机的主要优点有：①不需要电刷和换向器，构造简单，维护方便，运行可靠；②无滑动接触，输出特性稳定，精度高；③摩擦转矩小，惯量小；④不产生干扰无线电的火花；⑤正、反转输出电压对称。主要缺点有：①存在相位误差和剩余电压；②输出斜率小；③输出特性随负载性质改变（电阻性、电感性、电容性）而有所不同。

4.5.2　直流测速发电机的选择

① 应特别注意控制系统的工作速度范围和与电机连接的负载的大小，并根据系统工作转速选择合适的机型。例如：

a. 低速系统特别注意低速的平稳性，应选取高灵敏度（或低速）电机；

b. 对于速度控制单元消耗功率比较大的场合，应选择功率型发电机（几十瓦到几百瓦）；

c. 对于小功率直流随动系统应选取以信号输出为主的产品（几瓦以下）。

② 应注意控制系统和电机工作局部的环境温度变化情况。

a. 如果控制系统适用的工作温度范围比较宽，可以考虑选用电磁式他励直流测速发电机，因为在其励磁系统采取适当的稳流措施，可使电机气隙磁通具有高于 $0.1\% \sim 0.01\%$ 的稳定度。

b. 当选用永磁式直流测速发电机时应注意选取带有温度补偿措施的，它同样也可以保持气隙磁通有较高的稳定度。

4.5.3　直流测速发电机的使用与维护

（1）直流测速发电机的接线

他励直流测速发电机上都有一块接线板，接线板上有四个接线柱，其中两个接线柱为励磁绕组的端头，另两个接线柱为电枢绕组的端头。在使用前必须区别清楚，切勿接错。一般接线板上标有 F、F 的为励磁绕组，标有 S、S 的为电枢绕组，如果标记看不清或已经脱落，可用下述方法确定：先用欧姆表找出同一个绕组的两个端头，然后给一个绕组加低电压（电流要小于额定值），另一个绕组接电压表，如图 4-13 所示。用手拨动转子，如果电压表有读数，则接电源的绕组是励磁绕组，接电压表的绕组是电枢绕组；如果电压表无读数（或很小），则说明接电源的绕组是电枢绕组，接电压表的绕组是励磁绕组。

　　（2）直流测速发电机的使用与维护注意事项

　　① 直流测速发电机在出厂前已经将电刷调整到合适位置以保证输出电压的不对称度符合要求，使用中不允许松动刷架系统的紧固螺钉。

　　② 永磁直流测速发电机不允许将电枢从电机定子中抽出，以免失磁。

　　③ 应使测速发电机工作环境条件符合规定。使用场合下不允许有强的外磁场的存在，以免影响测速发电机输出特性的稳定性。

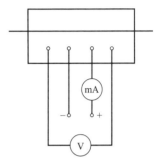

图 4-13　直流测速发电机出线标记的检查

　　④ 选型时应充分注意该测速发电机的负载情况，不允许超出测速发电机的最大允许负载电流使用，以免引起输出特性变坏或失磁。

　　⑤ 在使用中，转速不应超过产品的最大线性工作速度；负载电阻不应小于规定的负载电阻。

　　⑥ 应注意电机自身发热或环境温度的变化会导致输出斜率的降低或升高。

　　⑦ 在电磁式直流测速发电机的励磁回路中，串接一个比励磁绕组电阻大几倍且温度系数小的电阻，可以减少温度变化所引起的输出电压变化误差。

　　⑧ 应使测速发电机工作环境条件符合规定。

　　⑨ 对于外形尺寸比较大的测速发电机，可以定期对电刷和换向器系统进行处理，除去磨损掉的炭粉。

4.6 直流测速发电机常见故障及其排除方法

　　直流测速发电机常见故障及其排除方法见表 4-1。

表 4-1　直流测速发电机的常见故障及其排除方法

故障现象	产生原因	排除方法
输出电压的不稳定和纹波增大	① 电刷系统弹簧压力不合适或不一致造成电刷与换向器之间的接触状态不佳 ② 电刷与换向器之间的接触面积未达到 75% 以上	① 调整弹簧压力 ② 修整电刷和换向器,增大电刷与换向器之间的接触面积或更换电刷
输出电压降低	① 励磁电流太小 ② 永磁体失磁	① 减小励磁回路电阻或增加励磁电压 ② 对永磁体进行充磁
纹波系数高	换向器片间出现局部短路	检修换向器
绝缘电阻低	长期库存未使用的发电机	进行烘干处理

4.7　直流测速发电机的应用

（1）转速闭环调速系统

测速发电机在转速闭环调速系统中作为测速元件是最主要的应用，通过对转速的检测，构成转速负反馈闭环调速系统，达到改善系统调速性能的目的。

转速闭环调速系统（又称转速自动调节系统）的原理图如图 4-14 所示。直流测速发电动机 TG 与直流电动机 M 同轴连接，直流测速发电机作为转速负反馈元件，其输出与被调量成正比的转速负反馈电压 U_n，与转速给定电压 U_n^* 相比较，得到转速偏差电压 ΔU_n，经放大器 A，产生电力电子变换器 UPE 所需的控制电压 U_c，再得到大小和方向均可调节的电压 U_d，用以控制直流电动机的转速，这就是转速负反馈的闭环直流调速系统。如果放大器改用比例积分（PI）调节器，则可以构成无静差调速系统。

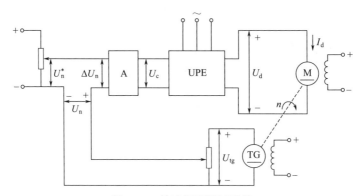

图 4-14　转速闭环调速系统

调节转速给定电压 U_n^*，转速闭环调速系统可达到所要求的转速。若电动机的转速 n 由于某种原因（如负载转矩增大）减小，则此时测速发电机输出的反馈电压 U_n 减小，转速给定电压 U_n^* 和转速反馈电压 U_n 的差值增大，差值电压信号 ΔU_n 经放大器 A 放大后，使电动机的电压 U_d 增大，直流电动机开始加速，测速发电机输出的反馈电压 U_n 增加，差值电压信号 ΔU_n 减小，直到近似达到所要求的转速为止。

同理，若电动机的转速 n 由于某种原因（如负载转矩减小）增加，则测速发电机的输出反馈电压 U_n 增加，转速给定电压 U_n^* 和测速反馈电压 U_n 的差值减小，差值电压信号 ΔU_n 经放大器 A 放大后，使电动机的电压 U_d 减小，直流电动机开始减速，直到近似达到所要求的转速为止。

通过以上分析可以了解到，只要系统转速给定电压不变，无论由于何种原因企图改变电动机的转速，由于测速发电机输出电压反馈的作用，系统能自动调节到所要求的转速（有一定的误差，近似于恒速）。

（2）位置伺服控制系统的速度阻尼及校正

位置伺服控制系统又称随动控制系统，图 4-15 所示为模拟式随动系统原理图。在直流伺服电动机的轴上耦合一台直流测速发电机，测速发电机也作转速反馈元件，但其作用却不同于转速自动调节系统。它使得由伺服电动机及其负载的惯性所造成的振荡受到了阻尼，起速度阻尼作用，因此可改善系统的动态性能。

在不接直流测速发电机时，假如火炮手向某一方向摇动手轮，使自整角发送机和自整角

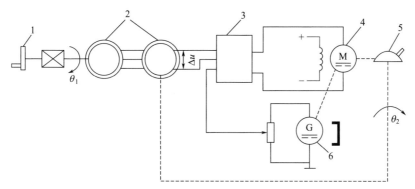

图 4-15　模拟式随动系统原理图

1—手轮；2—自整角机；3—放大器；4—直流伺服电动机；

5—控制对象（火炮）；6—直流测速发电机

接收机的转角不相等，设 $\theta_1 > \theta_2$，产生失调角 θ（$\theta = \theta_1 - \theta_2$），则自整角接收机输出一个与失调角 θ 成正比的电压 $U = K_1\theta$（K_1 为比例系数），经放大器放大，加到直流伺服电动机上。电动机带动火炮一起转动，此时自整角接收机也跟着一起转动，使 θ_2 增加，θ 值减小。当 $\theta_1 = \theta_2$ 时，虽然 $\theta = 0°$，$U = 0$，但由于电动机和负载的惯性，当转到 $\theta_1 - \theta_2 = 0°$ 的位置时，其转速不为零，继续向 θ_2 增加的方向转动，使 $\theta_2 > \theta_1$，$\theta < 0°$，自整角接收机输出电压的极性变反。在此电压的作用下，电动机由正转变为反转。同理，反转时 θ 过 $0°$ 后伺服电动机又由反转变为正转，这样系统就产生了振荡。

如果接上直流测速发电机，它输出一个与转速成正比的直流电压 $U_n = K_2\dfrac{\mathrm{d}\theta_2}{\mathrm{d}t}$，并负反馈到放大器的输入端。当 $\theta_1 = \theta_2$ 时，由于 $\dfrac{\mathrm{d}\theta_2}{\mathrm{d}t} \neq 0$，测速发电机仍有电压输出，使放大器的输出电压极性与原来（$\theta_1 > \theta_2$ 时）的相反，此电压使直流伺服电动机制动，因而直流伺服电动机就很快地停留在 $\theta_1 = \theta_2$ 的位置。可见，由于系统中加入了直流测速发电机，就使得由直流伺服电动机及其负载的惯性所造成的振荡受到了阻尼，从而改善了系统的动态性能。

第5章
交流测速发电机

5.1　交流测速发电机概述

交流测速发电机是一种测量转速或转速信号的元件，广泛用于各种速度或位置控制系统。在自动控制系统中交流测速发电机作为检测速度的元件，以调节电动机转速或通过反馈来提高系统稳定性和精度。

（1）交流测速发电机的分类

交流测速发电机可分为同步测速发电机和异步测速发电机两大类。

同步测速发电机又分为永磁式、感应子式和脉冲式三种。由于同步测速发电机感应电动势的频率随转速变化，致使负载阻抗和电机本身的阻抗均随转速而变化，所以在自动控制系统中较少采用。异步测速发电机按其结构可分为笼型转子和空心杯形转子两种。它的结构与交流伺服电动机相同。笼型转子异步测速发电机的输出斜率大，但线性度差，相位误差大，剩余电压高，一般只用在精度要求不高的控制系统中。空心杯转子异步测速发电机的精度较高，转子转动惯量也小，性能稳定。

（2）交流测速发电机的特点

交流测速发电机的主要优点是：

① 不需要电刷和换向器，构造简单，维护方便，运行可靠；

② 无滑动接触，输出特性稳定，精度高；

③ 摩擦力矩小，惯量小；

④ 不产生干扰无线电的火花；

⑤ 正、反转输出电压对称。

交流测速发电机的主要缺点是：

① 存在相位误差和剩余电压；

② 输出斜率小；

③ 输出特性随负载性质改变（电阻性、电感性、电容性）。

5.2　交流测速发电机的基本结构与工作原理

5.2.1　同步测速发电机的基本结构与工作原理

（1）永磁式交流测速发电机

永磁式交流测速发电机实质上就是一台单相永磁同步发电机，转子由永磁体构成，定子绕组感应的交变电动势的大小和频率都随输入信号（转速）而变化。由于感应电动势的频率随转速而改变，致使发电机本身的阻抗和负载阻抗均随转速而变化，所以这种测速发电机的输出电压不再和转速成正比关系。因此，尽管它结构简单，也没有滑动接触，但是仍不适用于自动控制系统，通常只作为指示式转速计。

（2）感应子式测速发电机

感应子式测速发电机的原理结构如图 5-1 所示。其定、转子铁芯均由硅钢片冲制叠成，在定子内圆周和转子外圆周上都有均匀分布的齿槽。在定子槽中放置节距为一个齿距的输出绕组，通常组成三相绕组。定、转子的齿数应符合一定的配合关系。

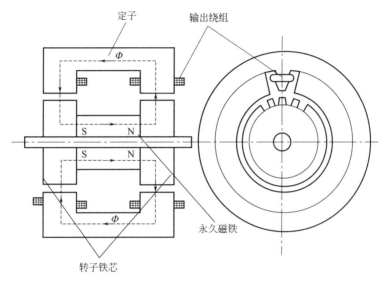

图 5-1　感应子式测速发电机的原理结构图

当转子不转时，由永久磁铁在发电机气隙中产生的磁通是不变的，所以定子输出绕组中没有感应电动势。但是，当转子以一定的速度旋转时，由于定、转子齿之间的相对位置发生了周期性的变化，则定子齿上的输出绕组所匝链的磁通大小也相应地发生了周期性的变化。于是输出绕组中就产生了交变的感应电动势。每当转子转过一个齿距，输出绕组中的感应电动势也就变化一个周期。因此输出电动势的频率（Hz）为

$$f = \frac{z_r n}{60}$$

式中　z_r——转子的齿数；

　　　n——发电机的转速，r/min。

由于感应子式测速发电机的感应电动势频率和转速之间有严格的关系，所以属于同步发电机。相应地，感应电动势的大小也和转速成正比，故可以作为测速发电机用。但是，它也和永磁式同步测速发电机一样，由于电动势的频率随转速而变化，致使负载阻抗和发电机本身的内阻抗大小均随转速而变化，所以也不宜用于自动控制系统中，通常只作为指示式转速计。将感应子式测速发电机输出电压经整流后亦可作直流测速发电机使用。

（3）脉冲式测速发电机

脉冲式测速发电机和感应子式测速发电机的工作原理基本相同，都是利用定、转子齿槽

相互位置的变化，使输出绕组所匝链的磁通发生脉动，从而感应出电动势。

脉冲式测速发电机是以脉冲频率作为输出信号的。由于输出电压的脉冲频率和转速保持严格的比例关系，所以也属于同步发电机类型。其特点是输出信号的频率相当高，即使在较低的转速（如每分钟几转或几十转）下，也能输出较多的脉冲数，因而以脉冲个数显示的速度分辨率就比较高，适用于速度比较低的调节系统，特别适用于鉴频锁相的速度控制系统。

5.2.2　异步测速发电机的基本结构与工作原理

（1）异步测速发电机的类型与特点

异步测速发电机（又称感应测速发电机）按其结构可分为笼型转子和空心杯形转子两种。

笼型转子异步测速发电机的结构与笼型转子两相伺服电动机的结构相似，它的输出特性的斜率大，但线性误差大，相位误差大，剩余电压高，一般用在对精度要求不高的系统中。

空心杯形转子异步测速发电机的结构与空心杯形转子伺服电动机的结构相似。不同的是，为了减小误差，使输出特性的线性度较好，性能稳定，测速发电机的空心杯形转子多采用电阻率较高和温度系数较低的材料制成，如磷青铜、锡锌青铜、硅锰青铜等。

空心杯形转子异步测速发电机输出特性的精度比笼型转子异步测速发电机要高得多，而且空心杯形转子的转动惯量小，有利于控制系统的动态品质。所以，目前在自动控制系统中广泛应用的是空心杯形转子异步测速发电机。

（2）空心杯形转子异步测速发电机基本结构与工作原理

空心杯形转子异步测速发电机的工作原理如图 5-2 所示。定子的两相绕组应在空间位置上严格保持 90°电角度。其中的一相绕组作为励磁绕组 W_f，外施稳频稳压的交流电源励磁；另一相绕组作为输出绕组 W_2，其两端的电压即为测速发电机的输出电压 $\dot{U}_2$。

当频率为 f 的励磁电压 $\dot{U}_f$ 加在励磁绕组 W_f 上以后，在测速发电机内、外定子之间的气隙中，就会产生一个频率为 f 的脉振磁通 $\dot{\Phi}_d$，在空间按正弦规律分布，其幅值与励磁绕组 W_f 的轴线重合，故称为直轴磁通。空心杯形转子可以看成是由无数根导体所组成的闭合笼型线圈。

当转子静止不动时，由励磁绕组产生的直轴脉振磁通 $\dot{\Phi}_d$ 虽然能在转子中产生出变压器电动势（通过变压器作用而产生的电动势）$\dot{E}_t$，如图 5-2（a）所示，$\dot{E}_t$ 使转子中有电流 $\dot{I}_t$ 流过，但由于转子电阻远大于电抗，故 $\dot{I}_t$ 将与 $\dot{E}_t$ 同相位，因此 $\dot{I}_t$ 所产生的磁场仍沿直轴方向。因为直轴方向的磁场与输出绕组 W_2 的轴线相互垂直。所以，不会在输出绕组 W_2 中感应电动势，故输出电压 $\dot{U}_2$ 为零，如图 5-2（a）所示。

当转子以某一转速 n 旋转时，转子杯中除了上述变压器电动势外，由于空心杯形转子要切割磁通 $\dot{\Phi}_d$，会产生第二个电动势，即所谓的速率电动势（又称运动电动势、切割电动势或旋转电动势）$\dot{E}_r$，如图 5-2（b）所示。由于磁通 $\dot{\Phi}_d$ 为脉振磁通，所以电动势 $\dot{E}_r$ 亦为交

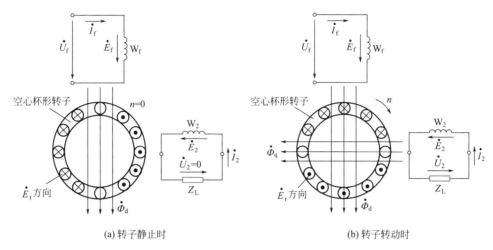

(a) 转子静止时　　　　　　　　　　　　(b) 转子转动时

图 5-2　空心杯形转子异步测速发电机的工作原理

变电动势，其交变的频率为磁通 $\dot{\Phi}_d$ 的脉振频率 f。它的大小为

$$E_r = C_2 n \Phi_d$$

式中，C_2 为电动势比例常数。

若磁通 $\dot{\Phi}_d$ 的幅值恒定，则电动势 $\dot{E}_r$ 与转子的转速 n 成正比关系。

由于转子杯为短路绕组，所以在 $\dot{E}_r$ 的作用下，转子中有第二个电流 $\dot{I}_r$ 流过。电流 $\dot{I}_r$ 也是频率为 f 的交流电，其大小正比于电动势 $\dot{E}_r$。同样，由于转子电阻远大于电抗，$\dot{I}_r$ 将与 $\dot{E}_r$ 同相位。即在任一瞬间，转子中的电流方向与电动势方向一致。

当然，转子中的电流 $\dot{I}_r$ 也要产生脉振磁通 $\dot{\Phi}_q$，其脉振频率仍为 f，而大小正比于电流 $\dot{I}_r$，即

$$\Phi_q \propto I_r \propto E_r \propto n$$

无论转速如何，由于转子杯上半周导体的电流方向与下半周导体的电流方向总相反，而转子导条沿着圆周又是均匀分布的，因此，$\dot{I}_r$ 产生的脉振磁通 $\dot{\Phi}_q$ 在空间的位置是固定的，磁通 $\dot{\Phi}_q$ 的方向与励磁绕组 W_f 的轴线正交，故称为交轴磁通。同理，磁通 $\dot{\Phi}_q$ 与输出绕组 W_2 的轴线一致，这个脉振磁通 $\dot{\Phi}_q$ 将在输出绕组 W_2 中感应出频率为 f 的电动势 $\dot{E}_2$，从而产生测速发动机的输出电压 $\dot{U}_2$，它的大小正比于 $\dot{\Phi}_q$，即

$$U_2 \propto E_2 \propto \Phi_q \propto n$$

在上述的物理过程中，由于 $\dot{U}_f$ 的大小和频率恒定，则直轴磁通 $\dot{\Phi}_d$ 的脉振频率和振幅不变，随之 $\dot{E}_r$ 和 $\dot{I}_r$ 的频率不变而其大小与转子转速 n 成正比。由此可见，由 $\dot{\Phi}_q$ 感应于输出绕组中的电动势 $\dot{E}_2$ 具有这样的特点：电动势 $\dot{E}_2$ 的频率永远与 $\dot{U}_f$ 的频率相同而保持不变。但电动势 $\dot{E}_2$ 的大小则与转子的转速 n 成正比。因此，输出电压 $\dot{U}_2$ 的频率和电源频率 f 相同，与转速 n 的大小无关，而输出电压 $\dot{U}_2$ 的大小与转速 n 成正比。当转子的转向改变时，输出电

压的相位也跟着改变180°。这就是空心杯形转子异步测速电动机的基本工作原理。

5.2.3　交流伺服测速机组

交流伺服电动机和交流测速发动机通常是通过齿轮组耦合在一起的。由于齿轮之间不可避免地有间隙存在，就会影响运转的稳定性和精确性。特别是在低速运转时，会使伺服系统发生抖动现象。齿轮间隙对于系统来说，是一种不可避免的非线性因素。

为了克服齿轮间隙的影响，可以把伺服电动机与测速发动机做成一体，采用公共的转轴和外壳，这就是交流伺服测速机组。交流伺服测速机组的结构有以下两种类型。

一种交流伺服测速机组是由笼型转子两相伺服电动机和空心杯转子异步测速发电机组合成一体，省掉了齿轮或其他联轴器，其结构如图5-3（a）所示。显然这样的机组不但消除了齿隙误差，而且还具有结构紧凑、体积小、重量轻、电机传动精度高等优点，适用于自动控制系统中作速度反馈执行元件。

另一种交流伺服测速机组的结构特点是伺服电动机和测速发动机的转子都是采用杯形转子，它们共用一个杯形转子和内定子，其结构如图5-3（b）所示。这种机组体积小、重量轻、惯性小、运行平稳、反应速度灵敏，适用于一些高精度的伺服系统中，特别适用于航空仪表装置中。

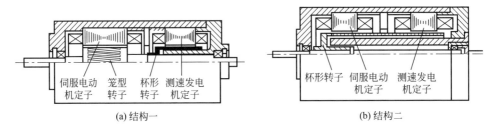

(a) 结构一　　　　　　　　　　　(b) 结构二

图 5-3　交流伺服测速机组

5.3　交流测速发电机的输出特性与误差分析

5.3.1　交流测速发电机的输出特性

在理想情况下，异步测速发动机的输出特性应是直线，但实际上，异步测速发电机工作时，其定子的两相绕组在空间上并不是完全对称的（有效串联匝数不等），两相绕组中的电流在时间上也并不对称，因此两相绕组产生的合成磁动势并非圆形，而是椭圆形。负序磁动势和负序磁场的存在，使输出电压与转速之间的关系并不是线性的，而是非线性的。在励磁电压和频率不变的情况下，利用对称分量法可以导出，异步测速发电机的输出特性方程式为

$$U_2 = \frac{An^*}{1 - Bn^{*2}} U'_f$$

$$n^* = \frac{n}{n_s} = \frac{n}{60f/p}$$

式中，n^* 为转速的标幺值；$n = \dfrac{60f}{p}$ 为电机的同步转速；A 为电压系数，是与电机及负载参数有关的复系数；B 也是一个与电机及负载参数有关的复系数；U_f' 为把励磁绕组折算到输出绕组后，励磁电压 U_f 的折算值，即 $U_f' = kU_f$，其中，k 为输出绕组与励磁绕组的有效匝比。

由上式可知，因分母中存在 Bn^{*2} 项，所以输出电压 U_2 不再与转速 n 成正比，输出特性不是直线而是一条曲线，如图 5-4 所示。可以证明，即使在空载时，输出特性方程式的分母中同样还存在着与电机本身阻抗参数有关的 n^{*2} 项，异步测速发电机的输出电压与转速之间仍然成非线性关系。

造成异步测速发电机输出特性为非线性的原因，主要是由于两相绕组的不对称运行而使气隙磁场为椭圆形。随着电机转速的变化，椭圆形磁场的椭圆度也将改变，导致异步测速发电机本身的参数是随电机的转速而变化的，而且输出电压与励磁电压之间相位差也将随转速而变化。此外，输出特性还与负载的大小、性质以及励磁电压的频率、温度变化等因素有关。

实际应用时，常常通过选择适当的负载阻抗，以便对输出电压的大小和相位进行适当的补偿。

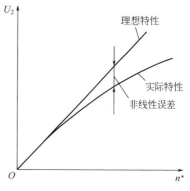

图 5-4　异步测速发电机输出特性

5.3.2　交流测速发电机的误差分析

实际上交流测速发电机的输出特性并不是严格的线性特性，而是与线性特性之间存在有误差。下面讨论产生误差的原因及减小误差的方法。

（1）气隙磁通 $\dot{\Phi}_d$ 的变化

要使输出电压 $\dot{U}_2$ 与转速 n 成正比关系，必须保持直轴磁通 $\dot{\Phi}_d$ 恒定。事实上，因转子旋转切割直轴磁通 $\dot{\Phi}_d$ 后，在转子杯导条中将产生感应电动势 $\dot{E}_r$，由于转子漏阻抗的影响，转子杯导条中产生的电流 $\dot{I}_r$ 将在时间相位上滞后电动势 $\dot{E}_r$ 一个角度。在同一瞬时，转子杯中电流 $\dot{I}_r$ 的方向如图 5-5 中内圈符号所示。由电流 $\dot{I}_r$ 所产生的磁通 $\dot{\Phi}_r$ 在空间上就不与 $\dot{\Phi}_d$ 相差 90° 电角度。但是可以把 $\dot{\Phi}_r$ 分解为 $\dot{\Phi}_q$ 和 $\dot{\Phi}_d'$ 两个分量，其中 $\dot{\Phi}_d'$ 的方向与直轴磁通 $\dot{\Phi}_d$ 正好相反，起去磁作用。

另外，转子旋转还要切割磁通 $\dot{\Phi}_q$，又要在转子杯导条中产生切割电动势 $\dot{E}_r'$ 和电流 $\dot{I}_r'$，而且它们正比于转速 n 的平方。根据磁通 $\dot{\Phi}_q$ 与转速 n 的方向，可确定出此瞬间电动势 $\dot{E}_r'$ 和电流 $\dot{I}_r'$ 的方向，如图 5-5 中的外圈符号所示（为了简化起见，这里不计漏阻抗的影响）。由图可见，由电流 $\dot{I}_r'$ 所产生的磁通 $\dot{\Phi}_d''$ 的方向也与直轴磁通 $\dot{\Phi}_d$ 的方向相反，也起去磁作用。根据磁动势平衡原理，励磁绕组的电流 $\dot{I}_\mathrm{f}$ 将发生变化。即使外加励磁电压 $\dot{U}_\mathrm{f}$ 不变，电流 $\dot{I}_\mathrm{f}$ 的变化也将引起励磁绕组漏阻抗压降的变化，使直轴磁通 $\dot{\Phi}_\mathrm{d}$ 也随之发生变化，即直轴磁通 $\dot{\Phi}_\mathrm{d}$ 随着转速 n 的增大而减小。这样就破坏了输出电压 $\dot{U}_2$ 与转速 n 的线性关系，使输出特性在转速 n 较大时向下弯曲，产生了线性误差。

为了减小转子漏阻抗造成的线性误差，异步测速发动机都采用非磁性空心杯转子，常用电阻率大的磷青铜制成，以增大转子电阻，从而可以忽略转子漏电抗。此外，通过减小电机的相对转速，也可减小输出电压的误差。对于一定的转速，通常采用提高励磁电源的频率，也就是提高测速发电机的同步转速，来减小线性误差。因此，异步测速发电机大都采用 $400\mathrm{Hz}$ 的中频励磁电源。

（2）励磁电源的影响

异步测速发电机对励磁电源电压的幅值、频率和波形要求都比较高，特别是解算用的测速发电机，要求励磁电源的幅值、频率和波形都很稳定，电源内阻及电源与测速发电机之间连线的阻抗也应尽量小。电源电压幅值不稳定，会直接引起输出电压的波动，从而引起线性和相位误差。而励磁电源频率的变化会影响感抗和容抗的值，因而频率的变化对输出电压的大小和相角也有明显的影响，也会引起输出特性的线性和相位误差。随着频率的增加，在电感性负载时，输出电压稍有增长；而在电容性负载时，输出电压的增加比较明显；在电阻性负载时，输出电压的变化是最小的。频率的变化对相角的影响更为严重，因为频率的增加使得电机中的漏阻抗增加，输出电压的相位更加滞后。但当转子电阻较大时，相位滞后得要小一些。另外，波形失真度较大的电源，会导致输出电压中高次谐波分量过大。所以在精密系统中励磁绕组一般采用单独电源供电，以保持电源电压和频率的稳定性。

（3）负载影响

异步测速发电机在控制系统中工作时，输出绕组所接的负载，一般情况下其阻抗是很大的，所以近似地可以用输出绕组开路的情况（不带负载）进行分析。通常生产厂给出的技术指标也多是指输出绕组开路时的指标，但倘若负载阻抗不是足够大，则输出绕组就不应认为是开路，负载对电机的性能就会有影响。

输出电压的大小和相位移与负载阻抗的关系如下：

① 当输出绕组接电阻-电容负载时，阻抗值的改变对输出电压值的影响有可能可以互相补偿，即可以调整到输出电压值几乎不受负载变化影响的程度，但不能补偿输出电压相位移的偏差。

② 当输出绕组接有电阻-电感负载时，有可能使输出电压相位移不受负载阻抗的影响，但却扩大了对输出电压值的影响。

是对输出电压的大小进行补偿，还是对其相位移进行补偿，应根据系统的需求确定，一般主要是补偿负载变动所引起的输出电压大小的变化，所以常采用电阻-电容负载。

（4）温度的影响

环境温度的变化和电机长时间工作的发热，会使励磁绕组和空心杯形转子的电阻以及磁性材料的性能发生变化，从而使输出特性发生改变，使输出特性不稳定。例如，当温度升高时，由于电阻压降的增大及磁通的减小就会使输出电压下降，而相角增大。在实际使用中，往往要求当温度变化时电机的性能保持一定的稳定性，所以规定了变温输出误差 ΔU_T 和变温相位误差 $\Delta\varphi_2$ 的指标，其含义是由温度变化引起的输出电压幅值和相位移的变化。为此，在设计空心杯时，应选用电阻温度系数小的材料。在实际使用时，对于某些作为解算元件用的、精度要求很高的异步测速发电机，为了使特性不受温度变化的影响，应采用温度补偿措施。最简单的方法是在励磁回路、输出回路或同时在两个回路中串联负温度系数的热敏电阻来补偿温度变化的影响，如图 5-6 所示。

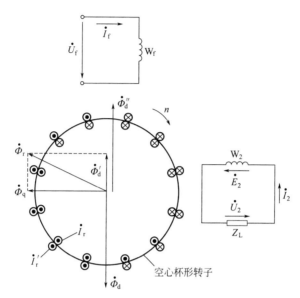

图 5-5　转子杯电流对定子的影响

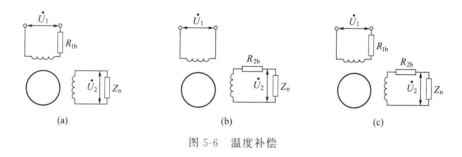

图 5-6　温度补偿

（5）剩余电压的影响

当转子静止时，交流测速发电机的输出电压应当为零，但实际上还会有一个很小的电压输出，此电压称为剩余电压。剩余电压虽然不大，但却使控制系统的准确度大为降低，影响系统的正常运行，甚至会产生误动作。

产生剩余电压的原因很多，最主要的原因是制造工艺不佳，如定子两相绕组并不完全垂直，从而使输出绕组与励磁绕组之间存在耦合作用。另外，气隙不均、磁路不对称、空心杯转子的壁厚不均以及制造杯形转子的材料不均等都会产生剩余电压。

减小剩余电压的措施如下：

① 改进电机的制造材料及工艺。提高制造和加工的精度；选用较低磁密的铁芯，降低磁路的饱和度；采用可调铁芯结构或定子铁芯旋转叠装法；采用具有补偿绕组的结构等，都可减小剩余电压。

② 外接补偿装置。在电机的外部采用适当的线路，产生一个校正电压来抵消电机所产

生的剩余电压。图5-7（a）是用分压器的办法，取出一部分励磁电压去补偿剩余电压。图5-7（b）是阻容电桥补偿法，调节电阻 R_1 的大小，可改变校正电压的大小，调节电阻 R 的大小可改变校正电压的相位，从而使附加电压与剩余电压相位相反、大小近似相等，以达到有效补偿剩余电压的目的。有时为了消除剩余电压中的高次谐波，在输出绕组端设置滤波电路。

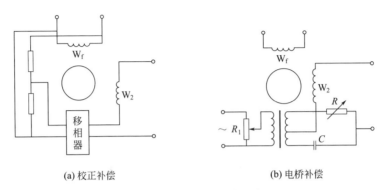

(a) 校正补偿　　　　　　　　　(b) 电桥补偿

图 5-7　剩余电压补偿电路

5.4　交流测速发电机的主要技术指标

表征异步测速发电机性能的技术指标主要有线性误差、相位误差、剩余电压。

（1）线性误差

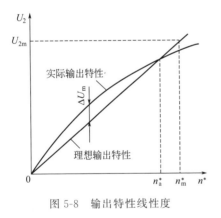

图 5-8　输出特性线性度

与直流测速发电机相类似，实际的异步测速发电机输出电压与转速间并不是严格的线性关系，也是非线性的，如图5-8所示。

异步测速发电机实际的输出特性是非线性的，在工程上用线性误差来表示它的非线性度。

工程上为了衡量实际输出特性线性误差的大小，一般把实际输出特性上对应于 $n_a^* = \dfrac{\sqrt{3}\, n_m^*}{2}$ 的一点与坐标原点的连线作为理想输出特性，其中 n_m^* 为最大转速标幺值。将实际输出电压与理想输出电压的最大差值 ΔU_m 与最大理想输出电压 U_{2m} 之比定义为线性误差，如图5-8所示，即

$$\delta = \frac{\Delta U_m}{U_{2m}} \times 100\%$$

式中，U_{2m} 为规定的最大转速对应的线性输出电压。

异步测速发电机在控制系统中的用途不同，对线性误差的要求也不同。一般线性误差大于2%时，异步测速发电机用于自动控制系统作校正元件；而作为解算元件时，线性误差必须很小，约为千分之几。目前，高精度异步测速发电机线性误差可达0.05%左右。

异步测速发电机产生线性误差的原因主要在于励磁绕组中存在电阻及漏电抗，而且由于

转子漏电抗等因素，使得气隙直轴脉振磁通幅值不是恒定的。但是输出电压与转速呈线性关系的前提条件是气隙直轴脉振磁通保持不变，因而存在线性误差。

为了减小线性误差，首先应该尽可能减小励磁绕组的漏电抗，并采用高电阻率材料制成的非磁性杯形转子，这样就可略去转子漏电抗的影响，并可削弱引起气隙直轴磁通变化的转子磁通。

（2）相位误差

自动控制系统希望测速发电机的输出电压与励磁电压同相位。实际上测速发电机的输出电压与励磁电压之间总是存在相位移，且相位移的大小还随着转速的不同而变化。所谓相位误差是指在规定的转速范围内，输出电压与励磁电压之间的相位移的变化量 $\Delta\varphi$，如图 5-9所示。

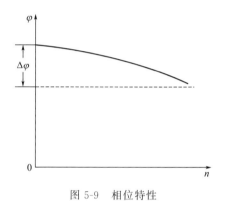

图 5-9　相位特性

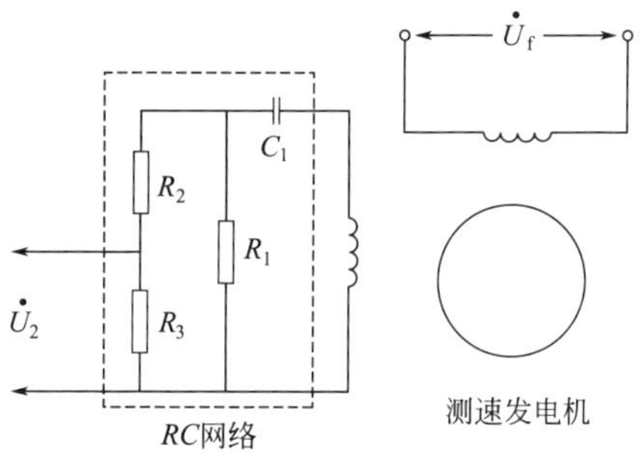

图 5-10　输出回路中的移相

产生输出相位移的原因是多方面的，但主要是由于励磁绕组和输出绕组本身存在漏阻抗，输出绕组的电流大小和相位随所接负载的性质而变化。

异步测速发电机的相位误差一般不超过 2°。由于相位误差与转速有关，所以很难进行补偿。为了满足控制系统的要求，目前应用较多的是在输出回路中进行移相，即输出绕组通过 RC 移相网络后再输出电压，如图 5-10 所示。调节 R_1 和 C_1 的值可使输出电压 $\dot{U}_2$ 进行移相；电阻 R_2 和 R_3 组成分压器，改变 R_2 和 R_3 的阻值可调节输出电压 $\dot{U}_2$ 的大小。采用这种方法移相时，整个 RC 网络和后面的负载一起组成测速发电机的负载。

（3）剩余电压

在理论上测速发电机的转速为零，输出电压也为零。但实际上异步测速发电机的转速为零时，输出电压并不为零，这就会使控制系统产生误差。这种测速发电机在规定的交流电源励磁下，电机的转速为零时，输出绕组所产生的电压，称为剩余电压（或零速电压）。它的数值一般只有几十毫伏，但它的存在却使得输出特性曲线不再从坐标的原点开始，如图 5-11 所示。它是引起异步测速发电机误差的主要部分。

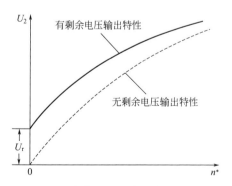

图 5-11　剩余电压对输出特性的影响

产生剩余电压的原因很多，气隙不均匀、磁路不对称、转杯厚薄不均匀、定子绕组匝间短路、铁芯叠片片间短路、励磁绕组与输出绕组轴线不垂直等，都会使异步测速发动机产生剩余电压。

5.5　交流测速发电机的选择

在选择测速发电机时，应根据系统的频率、电压、工作速度的范围和在系统中所起的作用来选。例如用作解算元件时，应选用精度高（即要求线性误差小、剩余电压低等）、输出电压稳定的异步测速发电机；用作测速或校正元件时，应着重考虑输出特性的斜率，即静态放大系数要大，希望转速的微小变化能引起输出电压较大的变动，而对于精度要求则是次要的。

当使用直流测速发动机或异步测速发电机都能满足要求时，则需要考虑它们的优缺点，合理选用。

异步测速发电机的主要优点是：不需要电刷和换向器，因而结构简单、维护方便、惯量小、无滑动接触。因而输出特性稳定，精度高，摩擦转矩小，不产生无线电干扰，工作可靠，正、反向旋转时，输出电压对称。但缺点是：存在剩余电压和相位误差，负载的大小和性质会影响输出电压的幅值和相位。

直流测速发电机不存在输出电压的相位移问题；转速为零时，输出绕组不切割励磁磁通，无感应电动势，因而无剩余电压。输出电路只有电阻上的压降，因而输出特性斜率比异步测速发电机的大。然而，由于直流测速发电机具有电刷和换向器，因而结构复杂、维护不便、摩擦转矩大、有换向火花，产生干扰信号；正、反向旋转时，输出电压不对称。

经过上述比较后，如确定采用异步测速发电机，则还要在笼型转子异步测速发电机和空心杯形转子异步测速发电机之间作一选择。

笼型转子异步测速发电机输出特性的斜率大，但特性差、误差大、转子惯量大，一般只用于精度要求不高的系统中。而空心杯形转子异步测速发电机的精度要高得多，转子惯量也小，是目前应用最广泛的一种异步测速发电机。

为了便于选择，现将各种交流测速发电机的特点和适用场合简述如下。

（1）交流同步测速发电机

由于交流同步测速发电机输出电压的频率与转速成正比关系，若将它的输出电压接向某一负载时，负载阻抗中的感抗（或容抗）分量以及该测速发电机自身绕组的电抗都随转速变化而变化。所以，虽然空载时输出电压与转速成正比，但当负载时，这种关系已不复存在。因此，永磁式同步测速发电机不能用在自动控制系统和解算装置中，它只能与特殊刻度的交流电压表相配用作转速表，直接指示原动机的转速。

（2）感应子式测速发电机

从原理上来说，感应子式测速发电机也是一种同步测速发电机，所以将这种测速发电机的输出电压直接接向负载阻抗时，也会产生如永磁式同步测速发电机那样的结果，因此就电机本身来说，也是不适用于自动控制系统的。但是，设计这种测速发电机的目的往往是为了将它的三相中频输出电压经桥式全波整流后，取其直流输出电压作为速度信号用于自动控制系统，也就是说，它实际上是作为一种无接触式直流测速发电机在使用的。由于三相中频输出电压经桥式全波整流后的直流输出电压的直流性相当好，纹波频率高，配以适当的滤波电路后，其直流输出电压的纹波系数足以满足自动控制系统的要求。目前这种测速发电机已在轻纺系统中被广泛作为直流测速发电机使用。

（3）空心杯形转子异步测速发电机

由于空心杯形转子异步测速发电机线性误差小、消耗功率小和惯性转矩低，且输出电压的频率不随转速而变化，所以它适用于小功率随动系统和解算装置。但这类测速发电机一般都不能输出功率，且与直流测速发电机相比，它的输出斜率也比较低，加之它的外形尺寸一般都比较小、轴伸较细、结构强度较差，所以在大功率随动系统中不宜采用。

5.6 交流测速发电机的使用与维护

5.6.1 交流测速发电机的使用注意事项

① 测速发电机与伺服电动机之间相互耦合的齿轮间隙必须尽可能小，或者选用同轴连接的交流伺服测速机组。

② 异步测速机负载阻抗不得小于规定值。

③ 因为杯形转子交流异步测速发电机输入阻抗较小，所以要求其励磁电源（包括馈线）的内阻也应尽可能小。

④ 在精密系统中，必须注意电源电压、频率的稳定性，并注意温度的影响，必要时应采用温度补偿和温度控制措施。

交流测速发电机主要用于交流伺服系统和解算装置中，在选用时，应根据系统的频率、电压、工作转速的范围和具体用途，选择交流测速发电机的规格。交流测速发电机用作解算元件时，应着重考虑精度要高，输出电压稳定性要好；用于一般转速检测或作阻尼元件时，应着重考虑输出斜率要大，而不宜既要精度高，又要输出斜率大；对要求快速响应的系统，应选用转动惯量小的测速发电机。

5.6.2 交流测速发电机的维护

（1）永磁式同步测速发电机的使用与维护

① 使用场合应避免有外加强磁场存在，以避免失磁或工作性能变坏。

② 严禁自行拆卸，特别是不允许将转子从定子腔内抽出，以免失磁（因为一般是不标明电机充磁状态的）。

③ 应按照发电机规定的环境条件等级使用，并保持使用环境清洁。长期未使用的电机重新使用时至少应检查其绝缘电阻是否符合规定。

④ 测速发电机的永磁体多为铝镍钴系磁钢，矫顽力较小，加之设计时并未考虑过载能力，一旦过载就会失磁。出现这种情况，测速发电机就需要重新充磁。

（2）感应子式测速发电机的使用与维护

① 在选型和使用中应注意输出电压的极性是不随电机转向的变化而变化的。

② 由于该测速发电机输出特征（线性误差和稳定度）的好坏在相当程度上取决于其气隙磁场的稳定性，因此在使用时应注意保持其励磁电流的高稳定性（0.05%以上）。

（3）空心杯形转子异步测速发电机的使用与维护

① 由于装配中紧固螺钉紧固不牢，造成发电机在运输和使用过程中紧固螺钉松动，导致内、外定子间相对位置变化，将会使剩余电压（即零速输出电压）增加，一般需送制造厂调整。

② 由于装配时接线混乱或使用中接线错误，导致输出电压相位倒相和剩余电压（零速输出电压）与出厂要求不符时，需改变接线。

③ 使用时应根据系统的要求来选择合适的测速发电机品种，提出切合实际的技术要求。一项技术指标的合理降低可以使另一项指标得到明显改善。

④ 异步测速发电机的输出特性一般都是在空载条件下给出的（一般要求负载阻抗≥50～100kΩ），使用时应注意到这一点，还应注意到输出特性还与负载性质（阻抗、容性或感性）有关。

⑤ 异步测速发电机在出厂前都经过严格调试，以使其剩余电压（即零速输出电压）达到要求，调试后已用红色磁漆将紧固螺钉点封，使用中严禁拆卸，否则剩余电压将急剧增加以致无法使用（使用者是不易调整的）。

⑥ 空心杯形转子异步测速发电机是一种精密控制元件，使用中应注意保证它和驱动它的伺服电动机之间连接的高同心度和无间隙传动，否则会使该测速发电机损坏或导致系统误差增加。此外应按照各品种规定的安装方式安装测速发电机，安装中应使电机各部分受力均匀，以免导致剩余电压增加。

⑦ 异步测速发电机可以在超过它的最大线性工作转速 1 倍左右的转速下工作，但应注意：随着工作转速范围的扩大，其线性误差、相位误差都将增大。

5.7   交流测速发电机的应用

（1）杯形转子异步测速发电机的应用

① 用作阻尼。图 5-12 是采用异步测速发电机增加系统阻尼的简单交流远距离定位伺服系统的原理框图。当系统发生振荡时，它能够向系统提供一个加速或减速信号，产生阻尼作用，促使系统振荡加速衰减，从而提高系统的稳定性和准确度。

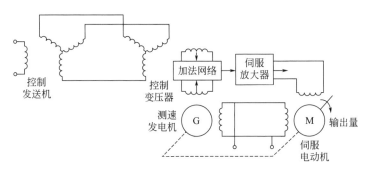

图 5-12   交流远距离定位伺服系统原理框图

在这个系统中，异步测速发电机的输出信号和来自自整角变压器的控制信号同时输入加法网络进行代数相加，当系统接近协调位置时，它的相位是和控制信号反相的，而当系统调整出现超调时，异步测速发电机输出信号的相位仍和原来相同，但此时控制信号的相位已与原来相反，这样两个信号的相位是一致的，因而两信号相加。该合成信号经放大器放大后将促使伺服电动机产生一个很大的制动转矩，以使系统的振荡衰减下来。

② 用作速度伺服。在某些仪器和实验设备中，往往要求驱动设备主轴的伺服电动机的速度与某一输入电压成正比。为了实现这个要求，就需要采用速度伺服系统，这种系统的原理如图 5-13 所示。

可以看出，这是一个转速负反馈控制系统。在该系统中，异步测速发电机的输出电压反映了伺服电动机的转速，这个转速反馈信号与交流控制信号比较后，差值信号经放大器适当放大，并加于伺服电动机的控制组，驱动伺服电动机旋转，使其转速正比于交流控制信号。

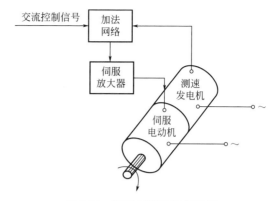

图 5-13　速度伺服系统原理图

这里应该注意的是，伺服电动机追随控制信号的精度与异步测速发电机的线性误差和温度误差直接相关（同时也与放大器的增益有关），而异步测速发电机剩余电压的存在则影响伺服电动机的低速运转和产生无控制信号输入时的空转。对这种系统来说，应选用比率型异步测速发电机。

③ 用于积分系统。如果在控制系统中需要得到代表某一输入函数积分值的电压或轴位移，就需要采用积分伺服系统。图 5-14 是采用异步测速发电机作为积分元件的积分伺服系统的原理图。

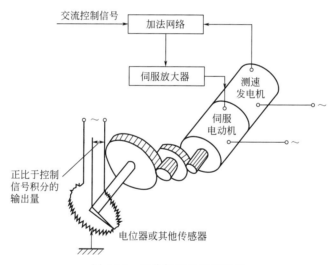

图 5-14　积分伺服系统原理图

积分伺服系统的一个重要使用场合是用它校正微小的误差，如不校正，该误差将会导致误差积累。例如：飞机上的自动驾驶仪未能将飞机调整到准确姿态，飞机就会逐渐增加或降低高度。反之，如果将高度误差通过积分系统加以积分，就能将高度误差累积成一个能用来校正飞机倾角的信号。由图 5-14 看出，积分系统实际上是由速度伺服系统和与其机械角相连接的传感器构成的，积分量由传感器输出。在理想状态下，一定时间内的转轴转数即代表输入控制电压的积分。如输入控制电压为 $f(t)$，则转轴的转角 θ 为：

$$\theta = k \int_0^t f(t)\,\mathrm{d}t$$

通过传感器将正比于输入控制电压积分量的转数转换为电信号输出。

用于积分伺服系统的异步测速发电机要求有更高的线性精度，更小的剩余电压，尤其是要求有更小的温度误差，积分型异步测速发电机适用于该系统。

（2）脉冲测速发电机的应用

要实现精确度很高的转速调节，应用传统的模拟闭环转速控制已有困难，特别是应用于环境温度变化很大以及电源电压难以控制的场合，即使对模拟型测速发电机采用温度补偿措施，以提高转速调节精度，这种系统的可靠性和精度仍然较差，而且价格较贵。

为此，可以采用数字控制技术，利用稳定的频率源作为速度的给定，采用脉冲测速发电机作为被控速度检测元件。

图 5-15 是数字转速控制系统的原理框图。脉冲测速发电机产生与电动机转速 n 成正比的脉冲列 A（与频率相当）。该信号经预放大处理（是否需放大视测速发电机输出信号大小而定），使其有足够的功率去触发双稳触发器。双稳触发器将脉冲列 A 转换为方波脉冲列 B，其周期 T_b 与 n 成正比。将信号 B 送入脉冲宽度调幅器 DCM，同时由时钟振荡器提供的周期为 T_c 的方波信号（该时钟信号对应于转速给定 n^*）也输入 DCM，DCM 输出端产生周期为 $T_d = \dfrac{R_m}{R_d} T_b$ 的方波 D，其前沿与时钟脉冲列 C 的前沿相重合，因此脉冲列 D 的重复频率与时钟振荡器信号的频率相同（即同步），由于 D 与 C 同步，因此它们的周期可以相加。把信号 D 与 C 同时送入非门，则非门的输出为误差信号脉冲 E，其周期为 $T_e = T_c - T_d$（对应于 $n > n^*$）。脉冲列 E 送入脉宽放大器，其输出送入功率驱动器，该功率驱动器供给电动机电流 I。当输入脉冲 E 高时，功率驱动器将 I 切断，而当 E 低时，将 I 投入。电动机的转速与 I 成正比，因此，E 为过速误差时，电动机将减速，从而获得了系统的稳定运行。欠速过程的调整原理与过速类同。该转速控制系统的最大稳定精度可达 0.06％。

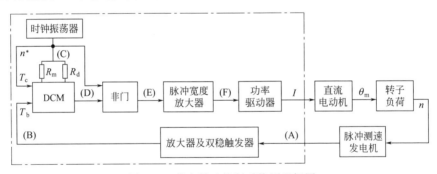

图 5-15　数字转速控制系统原理框图

第6章
自整角机

6.1 自整角机概述

6.1.1 自整角机的特点与用途

在自动装置和遥控系统中，常需要监视和控制远处的工作设备。一方面要了解远处工作设备的运行情况，例如液面的高低、阀门的开度、电梯和矿井提升机的位置、变压器分接开关位置等；另一方面控制中心还要发出控制指令，以便对工作设备进行操纵。为完成上述任务，常常需要使用自整角机。

自整角机是一种感应式机电元件。它被广泛应用于随动系统中，作为角度的传输、变换和指示元件。在系统中通常有两台或多台组合使用。

随动系统是通过两台或多台电机在电路上的联系，使机械上互不相连的两根或多根转轴能够自动地保持相同的转角变化，或同步旋转。电机具有的上述性能，称为自整步特性，在该系统中使用的这类电机称为自整角机。在随动系统中，产生信号的一方称为发送方，它所使用的自整角机称为发送机。它安装在需要发出指令的控制中心；接受信号的一方称为接收方，它所使用的自整角机称为接收机，它安装在需要监督和控制的设备处。

6.1.2 自整角机的类型

自整角机通常有以下几种分类方法。

根据在同步传动系统中的作用，可分为自整角发送机和自整角接收机。

根据使用要求的不同，可分为力矩式自整角机和控制式自整角机（见表6-1）。前者主要用于指示系统，后者主要用于随动系统。

表 6-1　自整角机的分类与用途

分类		国内代号	国际代号	功用
力矩式	发送机	ZLF	TX	将转子转角变换成电信号输出
	接收机	ZLJ	TR	接收力矩式发送机的电信号,变换成转子的机械能输出
	差动发送机	ZCF	TDX	串接于力矩式发送机与接收机之间,将发送机转角及自身转角的和(或差)转变为电信号,输送到接收机
	差动接收机	ZCJ	TDR	串接于两个力矩式发送机之间,接收电信号,并使自身转子转角为两发送机转角的和(或差)

续表

分类		国内代号	国际代号	功用
控制式	发送机	ZKF	CX	将转子转角变换成电信号输出
	变压器	ZKB	CT	接收控制式发送机的信号,变换成与失调角呈正弦关系的电信号
	差动发送机	ZKC	CDX	串接于发送机与变压器之间,将发送机转角及其自身转角的和(或差)转变为电信号,输送到变压器

根据相数不同,可分为三相自整角机和单相自整角机。前者用于电轴系统,后者用于角传递系统。

自动控制系统中通常使用的均是单相自整角机,常用的电源频率有 400Hz 和 50Hz 两种。

单相自整角机按结构形式可分为接触式和无接触式两大类。接触式自整角机的结构如图 6-1 所示,其结构简单,制造方便。其定子由铁芯和绕组两部分组成。铁芯用硅钢片或铁镍软磁合金带(坡莫合金)冲制后叠压而成。铁芯槽内放置三相整步绕组。转子由铁芯、绕组、转轴及集电环等几部分组成。转轴通常用不锈钢制造。这种自整角机由于结构简单,性能较好,使用较为广泛。

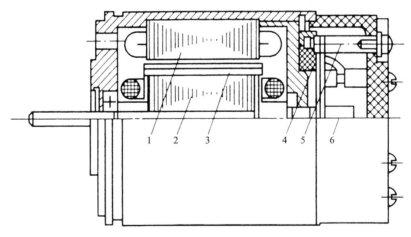

图 6-1 接触式自整角机结构图

1—定子;2—转子;3—阻尼绕组;4—电刷;5—接线柱;6—集电环

为了消除由于滑动接触所引起的误差和提高运行的可靠性,可采用无接触式结构,如图 6-2 所示。其特点是:没有电刷、集电环装置,其励磁绕组和整步绕组都是固定不动的。励磁绕组做成两个环行线圈放在定子铁芯的两侧,转子由硅钢片叠成两部分,中间用非磁性材料铝相隔并铸成整体,转子上无绕组。

无接触式自整角机具有可靠性高、寿命长、不产生无线电干扰等优点。缺点是结构复杂、电气性能差。

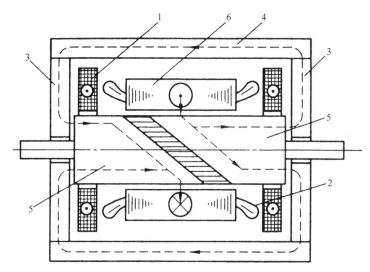

图 6-2　无接触式自整角机结构图

1—励磁绕组；2—三相整步绕组；3—端导磁环；

4—外导磁体；5—转子；6—定子铁芯

6.2　力矩式自整角机

6.2.1　力矩式自整角机概述

　　力矩式自整角机主要用于指示系统中，这类自整角机本身不能放大力矩，要带动接收机轴上的机械负载，必须由自整角发送机一方的驱动装置供给转矩。因此可以认为：力矩式自整角机系统好像是通过一个弹性连接的、能在一定距离内扭转的轴来带动负载的。力矩式自整角机系统为开环系统，它只适用于接收机轴上负载很轻（如指针），而且角度传输精度要求又不很高的控制系统中。如远距离指示液面的高度、阀门的开度、电梯和矿井提升机的位置、变压器的分接开关的位置等。

　　力矩式自整角机按其用途可分为四种：

　　① 力矩式发送机：它主要与力矩式差动发送机、力矩式接收机一起工作。其作用是将转子转角的变化转变为电信号输出。

　　② 力矩式接收机：它主要与力矩式发送机及力矩式差动发送机一起工作。其作用是，接收到力矩式发送机或力矩式差动发送机的电信号后，使其转子自动地转到对应于发送机转子的位置，或使转子转动的角度对应于发送机转子和差动发送机转子转角变化的和（或差）。

　　③ 力矩式差动发送机：它串接于力矩式发送机与接收机之间，将发送机的转子转角及其自身的转子转角之和（或差）变换成电信号传输给接收机。

　　④ 力矩式差动接收机：它串接于两台力矩式发送机之间，接收它们输出的电信号，使其转子转角为两台发送机转子转角之和（或差）。

6.2.2　力矩式自整角机的结构形式

力矩式自整角发送机和接收机大多数都采用两极的凸极结构。只有在频率较高而尺寸又较大的力矩式自整角机中，才采用隐极式结构。选用两极电机是为了保证在整个圆周范围内，只有唯一的转子对应位置，从而能准确指示。选用凸极式结构是为了能获得较好的参数配合，以提高其运行性能。

力矩式自整角机的结构如图 6-3 所示。

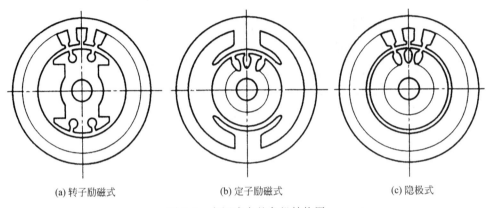

(a) 转子励磁式　　　　　(b) 定子励磁式　　　　　(c) 隐极式

图 6-3　力矩式自整角机结构图

图 6-3（a）所示为转子励磁式结构，单相励磁绕组放置在转子凸极铁芯上，并由两组集电环和电刷引出，而定子铁芯上放置三相分布绕组，称为整步绕组。由于转子重量轻，集电环数少，因此摩擦力矩小，精度高，工作比较可靠。力矩式自整角机大多数采用这种结构。

同样，也可将单相励磁绕组放置在定子凸极铁芯上，而在转子隐极铁芯上放置三相整步绕组，并由三组集电环和电刷引出，如图 6-3（b）所示，为定子励磁式结构。其特点是转子隐极铁芯安放三相绕组，其平衡条件较好；缺点是集电环数多，摩擦力矩大，因而影响精度。这种结构一般用于容量较大的力矩式自整角机中。

图 6-3（c）所示为隐极式结构。通常也是将三相整步绕组放置在定子铁芯上，而将励磁绕组放置在转子铁芯上，并由两组集电环和电刷引出。

6.2.3　力矩式自整角机的工作原理

力矩式自整角机在随动系统中常作为转角指示元件。这种工作情况也称作指示运行方式。图 6-4 为它的工作原理接线图。

该系统由两台相同的单相自整角机组成，一台作为发送机，另一台作为接收机。两台自整角机的励磁绕组接到同一个单相电源上，整步绕组彼此对应相接。当发送机和接收机的转子绕组轴线在空间处于同一对应位置时，两组整步绕组内对应相的电动势大小相等、相位相同，整步回路内的合成电动势为零，所以回路中没有电流，两机转子处于静止状态。

现设发送机的转子相对于接收机偏转一个角度 θ，θ 称为失调角，$\theta = \theta_1 - \theta_2$，则整步绕

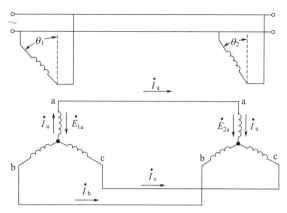

图 6-4　力矩式自整角机系统的工作原理图

组回路中将出现电动势差和电流。由于励磁绕组所产生的电动势为一个正弦分布的脉振磁动势，所以整步绕组内各相的感应电动势将取决于各相整步绕组（三相整步绕组分别用 A、B、C 表示）和励磁绕组两轴线之间的相对位置。以 A 相为例，其有效值为

$$E_{1a} = E\cos\theta_1$$

$$E_{2b} = E\cos\theta_2$$

根据图 6-4 所示的接线方式，每相的合成电动势 ΔE 等于两机的相电动势之差，即

$$\Delta E_a = E_{1a} - E_{2a} = E\cos\theta_1 - E\cos\theta_2$$

$$= E\left(\cos\theta_1 - \cos\theta_2\right)$$

$$= -2E\sin\frac{\theta_1 + \theta_2}{2}\sin\frac{\theta_1 - \theta_2}{2}$$

$$= -2E\sin\left(\theta_1 - \frac{\theta}{2}\right)\sin\frac{\theta}{2}$$

各相的合成电动势分别在各相的整步绕组回路中引起均衡电流。设每相整步绕组的阻抗为 Z，则

$$I_a = \frac{\Delta E_U}{2|Z|} = -\frac{E}{|Z|}\sin\left(\theta_1 - \frac{\theta}{2}\right)\sin\frac{\theta}{2}$$

类似地可以求出 I_b 和 I_c。只要把上式中的 θ_1 换成 $\theta_1 - 120°$ 和 $\theta_1 - 240°$ 即可。

当发送机和接收机的整步绕组中有电流流过时，两机的整步绕组将产生脉振磁动势 F_1 和 F_2。分析表明，F_1 和 F_2 的幅值与 $\sin\frac{\theta}{2}$ 成正比。F_1 和 F_2 与两机的主磁场相互作用，将产生其方向使失调角 θ 逐步缩小的整步转矩，使两机的转子保持同步，相对位置趋于一致。

6.2.4　力矩式自整角机的主要技术指标

力矩式自整角机通常用于角度传输的指示系统，因此要求它们有较高的角度传输精度。

其主要技术指标如下：

（1）静态误差 $\Delta\theta s$

发送机处于停转或转速很低时的工作状态称为静态。在理想情况下，接收机应与发送机转过相同的角度。但是，由于接收机轴总存在着摩擦转矩，所以，只要失调角所引起的转矩小于或等于摩擦转矩，系统就可以保持稳定。所以使两机的转角出现差值。把静态空载运行而达到协调位置时，发送机转子转过的角度与接收机转过的角度之差称为静态误差。

静态误差通常用度或角分表示。力矩式接收机的精度是由静态误差来确定的。

（2）比整步转矩 T_θ

力矩式自整角接收机的角度指示功能主要取决于失调角 θ 很小时的整步转矩值。通常是用力矩式自整角发送机和接收机在协调位置附近失调角为 $1°$ 时，所产生的整部转矩值来衡量的。这一指标被称为比整步转矩 T_θ（也称比力矩）。它是力矩式自整角机的一个重要性能指标。比整步转矩越大，其整步能力越强，静态误差越小。

（3）零位误差 $\Delta\theta_0$

力矩式自整角发送机励磁后，从基准电气零位开始，转子每转过 $60°$，在理论上整步绕组中有一组线间电动势为零，此位置称作理论电气零位。由于设计和工艺因素的影响，实际电气零位与理论电气零位有差异，此差值即为零位误差，以角分表示。力矩式发送机的精度是由零位误差来确定的。

（4）阻尼时间 t_D

是指力矩式接收机与相同电磁性能的标准发送机同步连接后，强迫接收机转子失调角为 $177°\pm2°$ 时，放松后，经过衰减振荡，力矩式接收机由失调位置稳定到协调位置所需的时间。阻尼时间按规定应不大于 3s。阻尼时间越小，表示接收机的跟随性能越好。为此，在力矩式接收机中通常都装有阻尼绕组，也有的装有机械阻尼器。

6.3　控制式自整角机

6.3.1　控制式自整角机概述

力矩式自整角机系统作为角度的直接传输还存在着许多缺点。当接收机转子空载时，有时静态误差可达 $2°$，并随着负载转矩或转速的增高而加大。由于这种系统没有力矩的放大作用，因此克服负载所需要的转矩必须由发送机方来施加。当多台接收机并联工作时，每台接收机的比整步转矩将随着接收机台数的增多而降低。这种系统在运行中，如有一台接收机转子因意外原因被卡住，将使系统中所有其他并联工作的接收机都受到影响。又因为力矩式自整角接收机属于低阻抗元件，容易引起力矩式发送机的温升增高，并随着接收机转子上负载转矩的增大而急剧上升。

为了克服上述的缺点，在随动系统中广泛采用了由伺服机构和控制式自整角机组合的系统。由于伺服机构中装设了放大器，系统就具有较高的灵敏度。此时，角度传输的精度主要取决于自整角机的电气误差，通常可达到几角分。并且，这种系统对于传动端的连接设备没有更多机械上的限制。在一台发送机分别驱动多个伺服机构的系统中，即使其中有一台接收机转子因意外原因发生故障，通常也不至于影响其他接收机正常运行。

　　控制式自整角机本质上属于电压信号元件，工作时它的温升相当低，又因为它不直接驱动机械负载，所以这种电机的尺寸就可以做得比相应的力矩式自整角机小一些。

　　控制式自整角机的功用是作为角度和位置的检测元件，它可将机械角度转换为电信号或将角度的数字量转变为电压模拟量，而且精密度较高，误差范围一般为 $3'\sim14'$。因此，控制式自整角机多用于闭环控制的伺服系统中。

　　当接收机轴上带有较大的负载，而且要求有较高的角度传输精度时，力矩式自整角机系统是不能满足要求的。此时，必须采用控制式自整角机系统。

6.3.2　控制式自整角机的结构形式

　　控制式自整角机也分为发送机和接收机两种。控制式自整角发送机的结构形式和力矩式自整角发送机基本一样，转子的结构可以是凸极式也可以是隐极式，因为发送机的精度主要取决于整步绕组，而与转子的结构形式关系不大。单相励磁绕组通常放置在转子上。

　　控制式自整角接收机不直接驱动机械负载，而是输出电压信号，通过伺服电动机去控制机械负载，因此称它为自整角变压器。它的转子通常采用隐极式结构，并放置有单相高精度的正弦绕组作为输出绕组，以提高电气精度，降低零位电压。

　　控制式自整角机通常也都采用两极的结构形式。

6.3.3　控制式自整角机的工作原理

　　控制式自整角机主要应用于由自整角机和伺服机构组成的随动系统中，其接收机转轴不直接带动负载，即没有力矩输出。而当发送机和接收机转子之间存在角位差（即失调角）时，接收机上将有与此失调角呈正弦函数关系的电压输出。控制式自整角机的阻抗比相应的力矩式自整角机高，其接收机工作在变压器状态，通常称为自整角变压器。控制式自整角机的工作原理如图 6-5 所示。

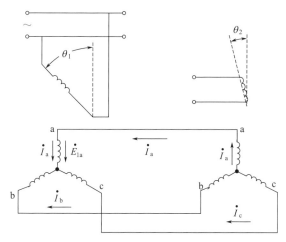

图 6-5　控制式自整角机工作原理图

在图 6-5 中，控制式自整角发送机的励磁绕组由单相交流电源励磁，其三相整步绕组和自整角变压器的整步绕组对应相接，而自整角变压器的输出绕组通常接放大器的输入端。放大器的输出端再接至伺服电动机的控制绕组。由伺服电动机驱动负载转动，并通过减速器带动自整角变压器转子，从而构成机械反馈连接。

当有失调角存在时，自整角变压器便有电压输出，此电压经放大器放大后再加到伺服电动机的控制绕组中，使伺服电动机转动。伺服电动机通过齿轮减速后再带动负载及自整角变压器的转子转动，并使失调角减小，直到失调角为零，自整角变压器的输出电压亦为零，伺服电动机立即停转。这时自整角变压器和自整角发送机的转子处于对应位置，与此同时负载也转过了相应的角度。

采用控制式自整角机和伺服机构组成的随动系统中，其驱动负载的能力取决于系统中的伺服电动机的容量，故能带动较大的负载。并且，由控制式自整角机组成的闭环系统，精度较高。

控制式自整角机按其用途可分为三种。

① 控制式自整角发送机——主要用来与控制式自整角变压器或控制式差动发送机一起工作。其作用是将转子转角的变化转变为电信号输出。

② 控制式自整角变压器——主要用来与控制式自整角发送机及控制式差动自整角发送机一起工作。其作用是接收从控制式自整角发送机或控制式差动自整角发送机送来的电信号，使之变成与失调角呈正弦函数关系的电信号输出。

③ 控制式差动自整角发送机——串接在控制式自整角发送机与控制式自整角变压器之间，其功能是把控制式自整角发送机与其自身的转子转角之和（或差）转变成电信号输出到后接的控制式自整角变压器。

6.3.4　控制式自整角机的主要技术指标

（1）电气误差 $\Delta\theta_e$。

当自整角发送机和自整角变压器转子处在协调位置时，从理论上讲，自整角变压器的输出电压为零。但是，由于设计、工艺、材料等因素的影响，实际的转子转角与理论值是有差异的，此差值即为电气误差，以角分表示。控制式自整角发送机及控制式自整角变压器的精度是由电气误差所决定的。

该误差取决于每一台自整角机偏离理想条件的程度，所以出厂时要逐台测定。而且它还与变压器定、转子的相对位置有关，所以要测出对应定、转子不同位置时的误差值。

（2）剩余电压 U_0。（也称零位电压）

从理论上讲，当控制式自整角变压器转子和控制式自整角发送机转子处在协调位置时，自整角变压器的输出电压应等于零。但实际上，由于制造和结构原因常有误差存在，使输出电压不为零。人们把自整角变压器转子和自整角发送机转子处在协调位置时，输出绕组出现的端电压称为剩余电压（又称零位电压）。它会降低系统的灵敏度。

零位电压是指控制式自整角机处于电气零位时的输出电压。零位电压由两部分组成：一部分是频率与输入电压相同，时间相位上相差 90° 的基波分量；另一部分是频率为输入电压频率奇数倍的谐波分量。谐波分量电压是由于电路、磁路的不对称，铁芯材料的不均匀性及铁芯中的磁滞、涡流所引起的。谐波分量电压中主要是 3 次谐波，它是由磁化曲线的非线性以及铁芯材料的不均匀性所引起的。

（3）比电压 U_0

自整角变压器的比电压是指它与自整角发送机处于协调位置附近，失调角为 1° 时的输出电压，其单位为伏/度 $[V/(°)]$。比电压是自整角变压器的一项重要性能指标，它直接影响到系统的灵敏度。比电压越大，同样大小的失调角，所获得的信号电压也越大，表示系统的精度和灵敏度越高。

（4）输出相位移 φ

由于控制式自整角发送机的励磁阻抗、控制式自整角变压器的输出绕组阻抗和二者整步绕组阻抗及负载阻抗的影响，输出电压和励磁电压之间存在相位差。所谓输出相位移就是指控制式自整角变压器的输出电压的基波分量与控制式自整角发送机励磁电压的基波分量之间的时间相位差，单位为角度。它将直接影响到系统的移相要求。

在控制式自整角机和伺服机构组成的随动系统中，为了使两相伺服电动机有较大的堵转转矩，总是希望控制电压与励磁电压相位差 90° 电角度。由于两相伺服电动机的励磁电压和控制式自整角发送机的励磁电压取自同一电源（即两相伺服电动机的励磁绕组串联电容器后和自整角发送机的励磁绕组接向同一电源），而两相伺服电动机的控制电压是由自整角变压器的输出电压经放大器放大后供给的，所以自整角变压器输出电压的相位移 φ，就直接影响到系统的移相要求。

6.4　差动式自整角机

在随动系统中，有时需要由两台发送机来控制同一台接收机，而后者可以指示出两台发送机转子的角度和或角度差。在这种情况下，就要使用差动式自整角机系统。

差动式自整角机按系统要求的功能分为三种，即力矩式差动发送机、力矩式差动接收机和控制式差动发送机。

6.4.1　差动式自整角机的基本结构

差动式自整角机无论哪一种类型，定、转子均为隐极式结构，与绕线式异步电动机相似。在定、转子铁芯的槽中放置两极、三相分布绕组，并接成星形。转子绕组通过三组滑环和电刷引出与外电路相连接。控制式差动发送机和力矩式差动发送机的主要区别仅在于绕组的数据不同。前者选用较低的磁通密度，要求零位电压较小。

力矩式差动接收机的结构及绕组数据与力矩式差动发送机相同，但力矩式差动接收机要考核阻尼性能的要求。

由于差动式自整角机的定、转子绕组均系三相绕组，所以不能装设阻尼绕组。为了保证力矩式差动接收机能满足阻尼时间的要求，通常在它的轴上装设机械阻尼器来消除转子的振荡。即当差动接收机的转子发生振荡时，由转轴和阻尼飞轮之间相对滑动而产生的摩擦力矩来消除转子的振荡。

6.4.2   差动式自整角机的工作原理

（1）力矩式差动接收机

当要求自整角接收机所指示的角度为两个已知转角之和或差时，可以在两台力矩式自整角机之间接入一台力矩式差动接收机，如图 6-6 所示。

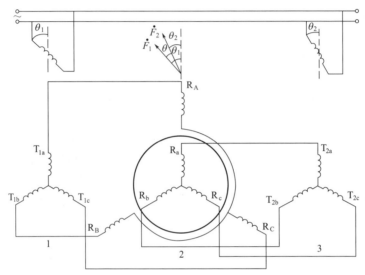

图 6-6   力矩式发送机-差动接收机-力矩式发送机工作原理图
1，3—力矩式发送机；2—差动接收机

力矩式差动接收机串接在两台力矩式发送机之间，可用来反映两台发送机转子转角之和或差。图 6-6 所示为力矩式发送机-差动接收机-力矩式发送机的工作原理图。两台自整角发送机的励磁绕组接同一单相交流电源，它们的整步绕组分别和差动式接收机的定、转子三相绕组按相序对应相接。

若差动式接收机的定、转子绕组轴线位置一致，它的定子绕组和转子绕组分别与两台发送机构成两对控制式自整角机系统。差动式接收机定子绕组所产生的合成磁动势 $\dot{F}_1$，其空间位置应与第一台发送机转子的空间位置相对应，即与 R_A 相绕组轴线相差 θ_1。同理，差动式接收机转子绕组所产生的合成磁动势 $\dot{F}_2$，其空间位置应与 R_a 相绕组轴线相差 θ_2。因此，差动式接收机定子合成磁动势和转子合成磁动势空间位置的角差为

$$\theta = \theta_1 \pm |\theta_2|$$

当两台发送机转子的转向彼此相反时，上式取"＋"号；当转子转向一致时，上式取"－"号。

因差动接收机中，定、转子的合成磁动势之间在空间存在角差 θ，在电磁力的作用下，二者相互作用，便在差动接收机转子上产生电磁转矩，使差动接收机的转子转过 θ 角，使定、转子的合成磁动势空间位置趋于一致。因此，差动式接收机转子的转角为两台发送机转子空间转角的和或差。

（2）力矩式差动发送机

　　目前，在随动系统中差动自整角接收机使用较少。为了实现自整角接收机所指示的角度为两个已知角度的和或差，可以在力矩式自整角发送机和力矩式自整角接收机之间再接入一台力矩式差动发送机，如图 6-7 所示。

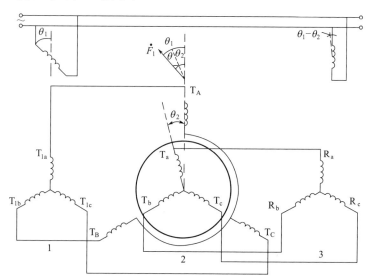

图 6-7　力矩式自整角发送机-力矩式差动发送机-力矩式自整角接收机工作原理图

1—力矩式发送机；2—力矩式差动发送机；3—力矩式接收机

　　图 6-7 所示为力矩式自整角发送机-力矩式差动发送机-力矩式自整角接收机的工作原理图。力矩式自整角发送机和接收机的励磁绕组接同一单相交流电源，它们的整步绕组分别与力矩式差动发送机的定、转子三相绕组按相序对应相接。

　　将力矩式差动发送机串接在力矩式自整角发送机和力矩式自整角接收机之间，可以把力矩式自整角发送机转子转角与力矩式差动发送机转子转角之和或差变换成电信号，传输给力矩式自整角接收机。

　　假设差动发送机的定、转子绕组轴线位置一致，它的定子绕组和自整角发送机就构成一个成对工作的控制式自整角发送机和自整角变压器系统。同理可知，力矩式自整角发送机在差动发送机定子绕组回路中产生的合成磁动势 $\dot{F}_1$，其空间位置与发送机转子的空间位置相对应，即应与 T_A 相绕组的轴线相差 θ_1。

　　同样，差动发送机与力矩式接收机犹如成对工作的力矩式自整角机系统。当差动发送机转子转过 θ_2 后，它相对于定子合成磁动势 $\dot{F}_1$ 的空间位置角为

$$\theta = \theta_1 \pm \theta_2$$

　　当两台发送机转子的转向彼此相反时，上式取"＋"号；当转子转向一致时，取上式"－"号。

　　假如将接收机转子在开始时的位置角调整为零，此时系统的失调角即为 θ。在整步转矩的作用下，接收机的转子将转过 θ 角，到达新的协调位置。这时，力矩式接收机转子在空间转过的角度 θ 即为力矩式发送机和差动发送机两转子转角的和或差。

　　在这种工作方式中，因在力矩式自整角发送机和接收机中间接入了一台差动发送机，所以，它的定、转子绕组漏阻抗就会使接收机的整步转矩降低。

　　（3）控制式差动发送机

　　差动式自整角机也可以用于控制式自整角发送机和自整角变压器系统中，当控制式发送

机和自整角变压器中间再接入一台控制式发送机后，自整角变压器的输出电压为控制式自整角发送机转子和差动发送机转子转角的和或差的正弦函数，其运行原理如图 6-8 所示。

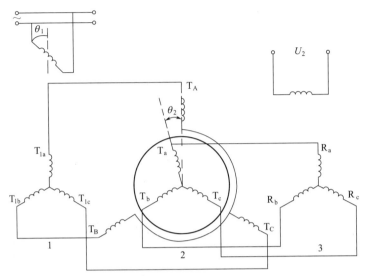

图 6-8　控制式发送机-控制式差动发送机-自整角变压器工作原理图

1—控制式发送机；2—控制式差动发送机；3—自整角变压器

图 6-8 为控制式发送机-控制式差动发送机-自整角变压器的工作原理图。控制式发送机的励磁绕组由单相电源供电，控制式差动发送机的定、转子三相绕组分别和控制式发送机和自整角变压器的整步绕组按相序对应相接。

设开始时差动发送机的定、转子绕组的轴线对齐，当控制式发送机的励磁绕组外施单相交流电源励磁后，控制式发送机和差动发送机定子绕组犹如成对工作的控制式发送机和自整角变压器系统。这种接法相当于两级控制式自整角机系统的级联。当控制式发送机的位置角为 θ_1，这时在差动式发送机定子绕组中产生的合成磁动势 $\dot{F}_1$，其空间位置与 T_A 相绕组的轴线相差 θ_1。当差动式发送机的转子转过 θ_2 后，相当于后一级控制式自整角机系统的失调角为

$$\theta = \theta_1 \pm \theta_2$$

当两台发送机转子的转向彼此相反时，上式取"+"号；当转子转向一致时，上式取"－"号。

假如调整自整角变压器转子的起始位置角为 90°电角度。这时，失调角就为 $\theta - 90°$，所以自整角变压器的输出电压为

$$U_2 = U_{2m} \cos (\theta - 90°) = U_{2m} \sin\theta = U_{2m} \sin (\theta_1 \pm \theta_2)$$

即自整角变压器的输出电压为自整角发送机的转子和差动式发送机转子转角的和或差的正弦函数。

6.5　自整角机的选择

6.5.1　自整角机的主要技术性能

选用自整角机应注意其技术数据必须与系统的要求相符合，控制式和力矩式自整角机系

列的技术数据见有关产品目录，下面给出主要技术性能。

① 励磁电压：是指加在励磁绕组上，产生励磁磁通的电压。对于控制式自整角发送机（ZKF）、力矩式自整角发送机（ZLF）、力矩式自整角接收机（ZLJ）而言，励磁绕组均为转子单相绕组；对于控制式自整角变压器（ZKB），励磁绕组是定子绕组，其励磁电压是指加在定子绕组上的最大线电压，它的数值应与对接的自整角发送机定子绕组的最大线电压一致。

② 最大输出电压：是指额定励磁时，自整角机次级的最大线电压。对于上述的发送机和接收机均指定子绕组最大线电动势；对于控制式自整角变压器（ZKB），则指输出绕组的最大电动势。

③ 空载电流和空载功率：指次级空载时，励磁绕组的电流和消耗的功率。

④ 开路输入阻抗：指次级开路，从初级（励磁端）看进去的等效阻抗。对于上述的发送机和接收机是指定子绕组开路，从励磁绕组两端看进去的阻抗；对于控制式自整角变压器（ZKB），是指输出绕组开路，从定子绕组两端看进去的阻抗。

⑤ 短路输出阻抗：指初级（励磁端）短路，从次级绕组两端看进去的阻抗。

⑥ 开路输出阻抗：指初级（励磁端）开路，从次级绕组两端看进去的阻抗。

6.5.2 自整角机的选择

（1）自整角机选型的一般原则

① 根据实际需要合理选择。表 6-2 对控制式自整角机和力矩式自整角机的特点进行了比较。

表 6-2 控制式自整角机和力矩式自整角机的比较

项目	控制式自整角机	力矩式自整角机
负载能力	自整角变压器只输出信号,负载能力取决于系统中的伺服电动机及放大器的功率	接收机的负载能力受到精度及比步转矩的限制,故只能带动指针、刻度盘等轻负载
系统结构	较复杂,需要用伺服电动机、放大器、减速齿轮等	较简单,不需要用其他辅助元件
精度	较高	较低
系统造价	较高	较低

② 自整角机的励磁电压和频率必须与使用的电源相符合。当电源可以任意选择时，对尺寸小的自整角机，选电压低的比较可靠；对长传输线，选用电压高的可降低线路压降的影响；要求体积小、性能好的，应选 400Hz 的自整角机，否则，采用工频比较方便（不需要专用中频电源）。总之，尽量选用电压较高、频率为 400Hz 的自整角机。

③ 相互连接使用的自整角机，其对接绕组的额定电压和频率必须相同。

④ 在电源容量允许的情况下，应选用输入阻抗较低的发送机，以便获得较大的负载能力。

⑤ 选用自整角变压器和差动发送机时，应选输入阻抗较高的产品，以减轻发送机的负载。

（2）最大连续工作力矩的选择

成对运行的力矩式自整角机，当接收机轴上的负载力矩增大时，相应地失调角、定子相电流和励磁电流也会增大，引起绕组温度随之升高，当绕组温升超过允许值时，会损坏自整角机。因此最大连续工作力矩应为不超过额定温升所允许的力矩值。

（3）最高连续工作转速的选择

自整角机的最高连续工作转速取决于在最高连续转速下接收机能否被牵入同步，若速度太快则接收机不能被牵入同步，而是以较低的速度旋转或完全不转，这样会引起自整角机严重发热；其次，对有刷自整角机来说，取决于电刷、滑环的磨损及运行的可靠性，转速太高，会加剧电刷、滑环的磨损，导致寿命下降，可靠性降低。一般最高连续工作转速应在1200r/min左右。

（4）最高转速的选择

自整角机的最高转速是指短期内允许的极限转速，一般应控制在4000r/min以下。此时，即使接收机不带负载，也往往要滞后于发送机10°左右，小机座号自整角机的滞后角更大。因此，电流也比低速运转时大，更增加了电刷滑环的磨损，故自整角机在此转速下只允许短时间运行。

6.6　自整角机的使用与维修

6.6.1　自整角机使用注意事项

① 自整角机使用时，励磁电压和频率应符合铭牌要求。

② 进行发送机和接收机的零位调节时，要先转动发送机转子，使其刻度盘上读数为零；然后固定发送机转子，再转动接收机定子，使接收机刻度盘上读数也为零时，固定接收机定子。

③ 发送机和接收机切勿接错。因为结构上两者有差异，两者参数也不尽相同。尤其是力矩式接收机本身装有阻尼装置，而发送机没有，如果接错，自整角机会产生振荡，影响正常运行。

④ 发送机和接收机不能互换使用。

⑤ 在自整角系统中，有时会遇到不同自整角机相互代换的问题，应注意它们的性能、参数和阻尼等因素。

6.6.2　自整角机常见故障及其排除方法

自整角机的常见故障及其排除方法见表6-3。

表 6-3　自整角机的常见故障及其排除方法

故障现象	原因	排除方法
力矩式自整角机指示精度降低	① 比力矩降低 ② 摩擦转矩增大 ③ 接收机接得过多或发送机比力矩不够大 ④ 定子绕组短路 ⑤ 定子绕组断路	① 用微欧计测量阻尼条电阻,如果电阻增大则应重新焊接阻尼条 ②测量摩擦转矩及电刷压力。若摩擦转矩增大但电刷压力合适,则可判定摩擦转矩增加是电刷与集电环间的摩擦系数增大所引起的,应抛光电刷与集电环表面。若摩擦转矩增大且电刷压力也很大,则可判定摩擦转矩的增大是电刷压力过大引起的,应调整电刷压力。若摩擦转矩增大是轴承磨损或润滑油挥发所引起的,则应添加1~2滴润滑油或更换轴承 ③ 应按接收机要求的比力矩来核算接收机台数是否合适,若超过允许值,将将多余台数去掉或者改用比力矩较大的发送机 ④ 测量空载电流,若超过规定值很大则表示绕组短路,应更换电机 ⑤测量定子绕组,若断路则应更换电机

故障现象	原因	排除方法
发送机过热	① 发送机输出阻抗过大 ② 定、转子绕组短路 ③ 接收机接得过多或发送机的比力矩不够大 ④ 接收机负载过大或摩擦转矩骤增	① 选用输出阻抗较小的发送机 ② 测量空载电流，若超得太多应更换电机 ③ 按接收机要求的比力矩来核算允许连接的接收机台数，将超过的台数去掉或改用比力矩较大的发送机 ④ 检查接收机所接负载，应排除负载卡住、转动不灵活及接收机摩擦转矩突然增大等异常现象
接收机阻尼时间过长，有小振荡	① 阻尼条虚焊 ② 摩擦转矩过小 ③ 转子转轴与轴承内孔以及轴承室与轴承外径的配合过松	① 用微欧计测量阻尼条电阻，若电阻过大应重焊阻尼条 ② 测量摩擦转矩，若摩擦转矩过小，应调整电刷压力使之符合要求 ③ 由于电机使用过久会产生此现象。可在轴伸端加上径向力，用千分表测径向间隙(一般应<0.02mm)，若超过甚多应更换电机
接收机爬行	① 电刷集电环间的摩擦转矩过大 ② 电刷集电环间摩擦转矩不均匀 ③ 轴承摩擦转矩过大或不均匀	① 测量摩擦转矩及电刷压力，若摩擦转矩过大是电刷压力过大所引起的，则应调整电刷压力使摩擦转矩符合要求 ② 测量摩擦转矩，若摩擦转矩不均匀则应清除电刷集电环间的污物或抛光电刷与集电环 ③ 打开接线板并取下电刷，测量电动机的摩擦转矩。若摩擦转矩过大或不均匀，加 1～2 滴润滑油后再测，若摩擦转矩仍然不均匀或过大，则应更换电机
噪声过大	① 轴向间隙过大(使用过久引起) ② 定、转子间隙不均匀(使用过久引起) ③ 定、转子绕组短路 ④ 接收机负载过大	① 电机轴向加适当力，用千分表测量轴向间隙，若轴向间隙过大，可取下轴承挡圈，加放适当调整垫圈使之达到要求(一般控制在0.03～0.07mm 范围内) ② 在轴伸端加适当的径向力，用千分表测量轴伸径向跳动(一般应<0.02mm)，若径向间隙过大应更换电机 ③ 根据空载电流及空载功率及电机发热等情况判断绕组是否短路，若存在上述现象应及早更换电机 ④ 检查接收机指针及传动机构的转动是否灵活，有无卡住现象，失调角是否过大，并排除这些故障
接收机的转向相反	接线错误	检查接线是否正确，若接线有错误应按规定改正
接收机出现两个零值	定子一相断路	用万用表检查定子绕组，若绕组断路应更换电机
控制式变压器比电压降低	① 电刷与集电环接触不良，接触电阻太大 ② 控制式变压器并联台数过多 ③ 定、转子绕组短路	① 用电桥测量电刷集电环间的接触电阻，若接触电阻过大，可用绸面蘸上酒精清除其间污物或用抛光办法使接触电阻减少 ② 核算并联台数，去掉多接的控制式变压器 ③ 检查空载电流、空载功率及电机的发热情况，若电流、功率过大且电机发热过高，则可确认定、转子绕组短路，此时应及早更换电机
控制式变压器的同步传动误差增加	转速过快	检查电机的工作转速，其数值应低于同步转速，例如 50Hz 电机的工作转速应小于 3000r/min；或采用频率较高的 400Hz 电机
控制式发送机的精度下降及零位电压增大	① 安装工具与电机止口的配合过松 ② 安装后电机轴及机壳受力过大 ③ 电机严重碰撞而变形	① 检查安装工具与电机止口的配合情况，合理的应是滑配合，若配合过松应更换安装工具 ② 检查安装情况，正常情况下电机轴及机壳应不受力或少受力，否则应更换安装工具 ③ 检查机壳、止口、端盖及轴伸，若严重碰撞而变形，应更换电机

续表

故障现象	原因	排除方法
电刷与集电环接触不良、跳火	① 电刷变形不与集电环接触	① 检查电刷接触情况，若与集电环脱离接触，应调整电刷使其压力保持在 0.02～0.05N（取值随机座号增大而增大）。若电刷位于两集电间的绝缘结构上，则就拨正电刷使之位于集电环正中位置
	② 电刷集电环接触表面粗糙（使用过久造成）	② 若已磨损不光滑，先用绸布裹上抛光膏（粒度约 W1.5），进行粗抛光，再用绸面（或鹿皮）裹上玉石粉蘸以酒精进行精抛光
	③ 轴承内润滑油流至集电环	③ 目检电刷集电环接触表面，若有黑色污物，即为磨损的金属基微粒与润滑油的混合物，应用绸布蘸以酒精仔细擦净，必要时应抛光
	④ 电刷压力不均匀，与集电环接触时断时续，严重时发生跳火烧毁电刷	④ 若信号时断时续即是要发生跳火烧毁电刷的先兆，此时应立即检查电刷接触情况，调整电刷压力并正确置于集电环正中位置。如果电刷已烧毁，应立即更换电机

6.7   自整角机的应用

6.7.1   力矩式自整角机的应用

因为力矩式自整角接收机的整步转矩一般都很小，只能带动如指针、刻度盘类的很小负载，所以力矩式自整角机也称作指示式自整角机，它主要用于角度传输的指示系统中。下面以力矩式自整角机测水塔水位为例说明其应用。

图 6-9 表示一个液面位置指示器，图中浮子随液面的升降而上下移动，并通过绳子、滑

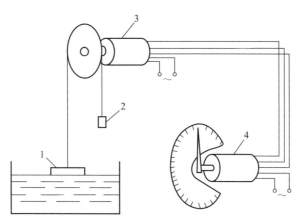

图 6-9   液面位置指示器

1—浮子；2—平衡锤；3—自整角发送机；4—自整角接收机

轮和平衡锤带动力矩式自整角发送机 ZLF 的转子转动，将液面位置转换成发送机转子的转角。将发送机与接收机之间通过导线远距离连接起来，根据力矩式自整角机的工作原理可知，由于发送机和接收机的转子是同步旋转的，于是接收机转子就带动指针准确地跟随着发送机转子的转角变化而偏转，从而实现了远距离位置的指示。若将角位移换算成线位移，就可方便地测出水面的高度，实现远距离测量的目的。这种指示系统不仅可以测量水面或液面的位置，还可以用来测量阀门的位置、电梯和矿井提升机的位置、变压器分接开关的位置等。

6.7.2　控制式自整角机的应用

控制式自整角机在自动控制系统中得到了广泛应用。图 6-10 为雷达俯仰角自动显示系统原理图，在这一系统中便应用了控制式自整角机。

图 6-10 中，两台自整角机上的三根定子绕组引出线对应连接，转子绕组引出线分别接电源和放大器，通过圆心的点画线表示其转轴。

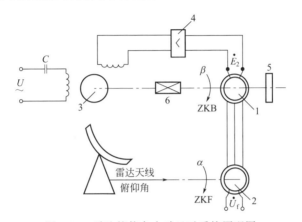

图 6-10　雷达俯仰角自动显示系统原理图

1—自整角变压器；2—自整角发送机；3—交流伺服电机；4—放大器；5—刻度盘；6—减速器

雷达天线的俯仰角为 α，控制式自整角发送机 ZKF 的转轴直接与雷达天线的俯仰角耦合，ZKF 轴的转角就是雷达天线的俯仰角 α。控制式自整角变压器 ZKB 转轴与由交流伺服电动机驱动的负载（这里是刻度盘）轴相连，所以其转角就是刻度盘的读数，用 β 表示。

当 ZKF 转子绕组加励磁电压 $\dot{U}_f$ 时，ZKB 转子绕组便输出一个交变电动势 $\dot{E}_2$，其有效值与两轴的角差 γ（即 $\alpha-\beta$）近似成正比，$\dot{E}_2$ 经放大器放大后送至交流伺服电动机的控制绕组，使电动机转动，当 $\alpha>\beta$ 时，伺服电动机将驱动负载（刻度盘），使 β 增大，直到 $\alpha=\beta$，这时输出电势 $\dot{E}_2=0$，即加到伺服电动机上的控制电压为 0，伺服电动机停转；而当 $\alpha<\beta$ 时，则 $\dot{E}_2$ 反向，伺服电动机将反转，此时 β 减小，直到 $\dot{E}_2=0$ 时停止转动。由此可见，只要 α 和 β 有差别，伺服电动机就会转动，使 $\alpha=\beta$。若 α 不断变化，系统就会使 β 跟着 α 变化，也就是说达到了交流伺服电动机和刻度盘的转轴自动跟随 ZKF 的雷达俯仰角旋转的目的，所以刻度盘上所指示的就是雷达俯仰角。

6.7.3　差动式自整角机的应用

图 6-11 所示为轧钢机轧辊控制系统的原理图，该系统能够迅速准确地调整轧辊的间隙。

钢锭通过粗轧机后，进入一排由两个垂直台和两个水平台组成的粗轧台，接着进入一排类似结构的精轧台。粗轧台和精轧台组成了钢梁一次通过的钢梁轧机，从而完成钢梁的轧制。

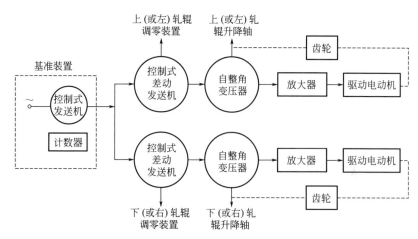

图 6-11　轧钢机轧辊控制系统原理图

　　每个轧台由一对水平或垂直配置的轧辊组成，每个轧辊分别由一对螺杆来调节其位置，螺杆又通过齿轮啮合到一台驱动电动机上，轧辊之间的距离为螺杆转角位置的函数。

　　控制系统包括基准装置、调零装置和控制装置，并采用粗精机双通道系统以满足系统的精度要求。基准装置包括两台控制式自整角发送机及与之相连的计数器。计数器指示两轧辊的间隙。调零装置用控制式差动发送机。用手轮调节控制式差动发送机的转子位置来改变控制式差动发送机的发送角度（即轧辊间隙），从而可不必改变计数器的计数而使不同直径的轧辊可同时使用。例如：若上轧辊因磨损直径变小，则可转动调零手轮使控制式差动发送机的转子逆时针方向转动一个角度 $\Delta\theta_2$，此角度正好对应于轧辊的磨损量，则控制式自整角变压器的输出电压是 $\theta_1+\theta_2-\Delta\theta_2$ 的正弦函数，θ_1、θ_2 分别为控制式自整角发送机及差动发送机的转角。结果，伺服电动机带动螺杆调节轧辊间隙，使其缩小一个对应于 $\Delta\theta_2$ 的值。控制装置包括控制式自整角变压器、伺服放大器及伺服电动机（驱动电动机）。

　　如果控制式自整角发送机的转子位置和自整角变压器的转子位置不一致，则每台自整角变压器输出一个反映失调角的电压信号，经放大器放大后，控制驱动电动机，并带动螺杆转动，调节轧辊间隙，达到控制的目的。

第7章
旋转变压器

7.1 旋转变压器概述

7.1.1 旋转变压器的用途与类型

（1）旋转变压器的用途

选择变压器是自动装置中的一种精密控制微电机。从物理本质来看，旋转变压器可以看成是一种可以转动的变压器。

旋转变压器的一、二次绕组分别放置在定、转子上，一、二次绕组之间的电磁耦合程度与转子的转角有关。因此，当一次侧外施单相交流电源励磁时，转动它的转子可以改变输入绕组与输出绕组之间的耦合关系，使二次侧的输出电压与转子转角成正弦、余弦或线性关系。在控制系统中它可作为解算元件，主要用于坐标变换、三角运算等，也可用于随动系统中，传输与转角相应的电信号；此外，还可用作移相器和角度-数字转换装置。

（2）旋转变压器的类型

旋转变压器有多种分类的方法。若按有无电刷和集电环之间的滑动接触来分，可分为接触式和无接触式两种。在无接触式中又可再分为有限转角和无限转角两种。通常在无特别说明时，均是指接触式旋转变压器。

若按电机的极对数多少来分，又可分为单极对和多极对两种。通常在无特别说明时，均是指单极对旋转变压器。

若按照它的使用要求来分，又可分为用于解算装置的旋转变压器和用于随动系统的旋转变压器。

① 用于解算装置中的旋转变压器，又可分为以下四种基本形式。

a. 正余弦旋转变压器。当它的一次侧外施单相交流电源励磁时，其二次侧的两个输出电压分别与转子转角呈正弦和余弦函数关系。

b. 线性旋转变压器。它是在一定的工作转角范围内，其输出电压与转子转角（弧度）成线性函数关系的一种旋转变压器。为了使输出电压与转子转角成线性函数关系，可以通过对正余弦旋转变压器的定、转子绕组采用不同的连接方式来实现。通常这种正余弦旋转变压器具有一个最佳的电压比。

c. 比例式旋转变压器。它除了在结构上增加了一个带有调整和锁紧转子位置的装置以外，其他都与正余弦旋转变压器相同。在系统中作为调整电压的比例元件。

d. 特殊函数旋转变压器。它是在一定转角范围内，输出电压与转子转角成某一给定的函数关系（如正割函数、倒数函数、弹道函数以及对数函数等）的一种旋转变压器。它的工作原理和结构与正、余弦旋转变压器基本相同。

② 在随动系统中使用的旋转变压器也可分为以下三种形式：

a. 旋变发送机；

b. 旋变差动发送机；

c. 旋变变压器。

以上三种旋转变压器的工作原理与控制式自整角机没有多少区别，只不过是采用四线制，通常使用在要求精度较高的系统中。

7.1.2　旋转变压器的结构特点

接触式旋转变压器的结构类似于普通绕线转子异步电动机，如图 7-1 所示。为了获得良好的电气对称性，以提高其精度，通常采用两极隐极式结构。

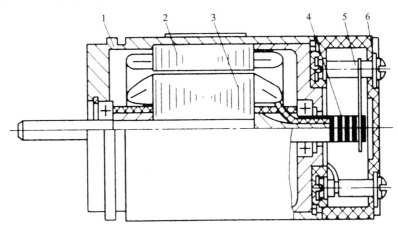

图 7-1　旋转变压器结构图

1—机壳；2—定子；3—转子；4—集电环；5—刷架；6—接线板

旋转变压器的定、转子铁芯采用高磁导率的铁镍软磁合金片或高硅钢片经冲制、绝缘、叠装而成。在定子铁芯内圆周和转子铁芯外圆周上都冲有槽。定、转子槽中分别放置有两个互相垂直的绕组，如图 7-2 所示，其绕组常采用高精度的正弦绕组，其中 S_1-S_2（或 D_1-D_2）为定子励磁绕组，S_3-S_4（或 D_3-D_4）为定子交轴绕组，这两套绕组的结构是完全相同的，在定子槽中互差 90°放置。R_1-R_2（或 Z_1-Z_2）为转子上的余弦输出绕组，R_3-R_4（或 Z_3-Z_4）为转子上的正弦输出绕组，同样，它们的结构也完全相同。转子绕组由电刷和集电环引出。

无接触式旋转变压器，有一种是将转子绕组引出线做成弹性卷带状，这种转子只能在一定的转角范围内转动，称为有限转角的无接触式旋转变压器；另一种是将两套绕组中的一套自行短接，而另一套则通过环形变压器从定子边引出。它和无接触式自整角机的结构相似。这种无接触式旋转变压器的转子转角不受限制，因此称为无限转角的无接触式旋转变压器。

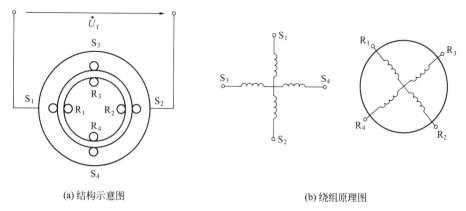

(a) 结构示意图　　　　　　　　　　　(b) 绕组原理图

图 7-2　旋转变压器定、转子绕组

无接触式旋转变压器，由于没有电刷和集电环之间的滑动接触，所以工作时更为可靠。

7.2　常用旋转变压器的工作原理

7.2.1　正余弦旋转变压器

（1）正余弦旋转变压器的空载运行

为了便于理解，先分析空载时的输出电压。将输出绕组 R_1-R_2 和 R_3-R_4 以及定子交轴绕组 S_3-S_4 开路，在励磁绕组 S_1-S_2（d 轴）施加单相交流励磁电压 $\dot{U}_f$，此时气隙中将产生一个脉振磁场 $\dot{B}_f$，脉振磁场 $\dot{B}_f$ 的轴线在定子励磁绕组 S_1-S_2 的轴线上，如图 7-3 所示。设励磁绕组的轴线 S_1-S_2 方向为直轴，即 d 轴，此时气隙中将产生一个直轴脉振磁场 $\dot{B}_f$。

与自整角机一样，脉振磁场 $\dot{B}_f$ 将在励磁绕组 S_1-S_2 和转子输出绕组 R_1-R_2 和 R_3-R_4 中分别产生感应电动势，这些电动势在时间上是同相位的，其有效值与该绕组的位置有关。

由于脉振磁场 $\dot{B}_f$ 的轴线在定子励磁绕组 S_1-S_2 的轴线上，所以该脉振磁场产生的直轴脉振磁通（又称为励磁磁通或直轴磁通）在励磁绕组中产生的感应电动势 E_f 为

$$E_f = 4.44 f N_1 k_{W1} \Phi_m \tag{7-1}$$

式中，Φ_m 为直轴脉振磁通幅值；f 为磁通脉振的频率；N_1 为定子绕组匝数；k_{W1} 为定子绕组的基波绕组系数；$N_1 k_{W1}$ 为定子绕组有效匝数。

由于绕组 S_1-S_2 的轴线与绕组 S_3-S_4 的轴线垂直，因此，励磁磁通与绕组 S_3-S_4 不匝链，所以励磁磁通不在 S_3-S_4 绕组中感应电势。

设定子绕组 S_1-S_2 的轴线与余弦输出绕组 R_1-R_2 的轴线的夹角为 θ，则励磁磁通 Φ_m 在正、余弦输出绕组 R_1-R_2 和 R_3-R_4 中的感应电势分别为

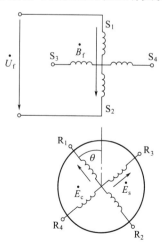

图 7-3　旋转变压器空载运行

$$E_c = 4.44fN_2k_{W2}\Phi_m\cos\theta$$
$$E_s = 4.44fN_2k_{W2}\Phi_m\cos(90°-\theta) = 4.44fN_2k_{W2}\Phi_m\sin\theta \Bigg\} \quad (7\text{-}2)$$

式中，Φ_m 为直轴脉振磁通幅值；f 为磁通脉振的频率；N_2 为转子绕组匝数；k_{W2} 为转子绕组的基波绕组系数；N_2k_{W2} 为转子绕组的有效匝数；E_c 为在输出绕组 R_1-R_2 中的感应电动势；E_s 为在输出绕组 R_3-R_4 中的感应电动势。

若把转子绕组的有效匝数与定子绕组的有效匝数之比定义为旋转变压器的变比（或称匝数比），即

$$K_u = \frac{N_2k_2}{N_1k_1} \quad (7\text{-}3)$$

则得

$$E_s = K_uE_f\sin\theta$$
$$E_c = K_uE_f\cos\theta \Bigg\} \quad (7\text{-}4)$$

与普通变压器类似，忽略定子励磁绕组的漏阻抗压降，空载时转子输出绕组的感应电动势在数值上就等于输出电压，即有 $E_f = U_f$，则可得

$$E_s = K_uU_f\sin\theta$$
$$E_c = K_uU_f\cos\theta \Bigg\} \quad (7\text{-}5)$$

上式表明在正余弦旋转变压器中，当电源电压不变，且旋转变压器空载时，其输出电动势与转子转角 θ 有严格的正、余弦关系。

（2）正余弦旋转变压器的负载运行

在实际使用中，旋转变压器在运行时总要接上一定的负载，如图 7-4 所示。实验证明，一旦正弦输出绕组 R_3-R_4 带上负载以后，其旋转变压器的输出电压不再是转角 θ 的正余弦函数，而是发生了畸变。空载和负载时输出特性曲线的对比如图 7-5 所示。负载电流越大，即负载阻抗越小，两曲线的差别也越大，畸变越严重。

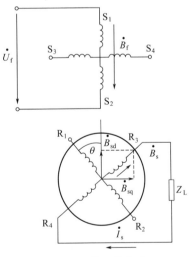

图 7-4　正弦绕组接负载 Z_L

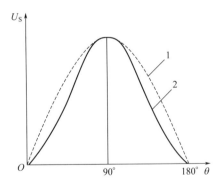

图 7-5　输出特性的畸变
1—空载；2—负载

输出绕组 R_3-R_4 接上负载 Z_L 时，绕组中有电流 $\dot{I}_s$，$\dot{I}_s$ 在气隙中产生相应的脉振磁

场 $\dot{B}_{\mathrm{s}}$。

将 $\dot{B}_{\mathrm{s}}$ 分解为 $\dot{B}_{\mathrm{sd}}$ 和 $\dot{B}_{\mathrm{sq}}$。其中 $\dot{B}_{\mathrm{sd}}$ 对 $\dot{B}_{\mathrm{f}}$ 起去磁作用，定子外加交流电源的电流将会增加，以维持 d 轴方向的合成磁通（主磁通）基本不变（比空载略微减小）。

$\dot{B}_{\mathrm{sd}}$ 对 $\dot{B}_{\mathrm{f}}$ 起去磁作用，直轴主磁通（$\sum\dot{B}_{\mathrm{d}}$）基本不变，所以负载直轴磁通对输出电压畸变的影响小。负载交轴分量 $\dot{B}_{\mathrm{sq}}$ 无外加励磁与其平衡。因此，负载时，气隙中出现了交轴分量 $\dot{B}_{\mathrm{sq}}$ 磁场。引起输出电压畸变的主要原因是二次侧（副边）电流所产生的交轴磁场分量 $\dot{B}_{\mathrm{sq}}$。

由以上分析可知，正余弦旋转变压器在负载时输出电压发生畸变，主要是由负载电流产生的交轴磁通引起的。为了减少系统误差和提高精确度，必须消除畸变。为了消除畸变，就必须设法消除交轴磁通的影响。消除畸变的方法称为补偿。消除的方法主要有两种，即一次侧（原边）补偿和二次侧（副边）补偿。

（3）输出特性的畸变和补偿

旋转变压器负载时输出特性畸变，主要是由交轴磁通引起的。为了消除畸变，就必须设法消除交轴磁通的影响。消除畸变的方法，称之为输出特性的补偿。补偿方法有二次侧补偿、一次侧补偿及一、二次侧同时补偿。

① 二次侧补偿的正余弦旋转变压器　当正余弦旋转变压器的一个输出绕组工作，另一个输出绕组作补偿时，称为二次侧补偿。为了补偿因正弦输出绕组中负载电流所产生的交轴磁通，可在余弦输出绕组上接一适当的负载阻抗 Z'，使余弦输出绕组中也有电流 $\dot{I}_{\mathrm{c}}$ 流过，利用其产生磁场的交轴分量 $\dot{B}_{\mathrm{cq}}$ 来抵消正弦输出绕组产生的交轴磁场 $\dot{B}_{\mathrm{sq}}$，其接线如图 7-6 所示。当励磁绕组 S_1-S_2 接励磁电压后，S_3-S_4 绕组开路，此时正余弦输出绕组中分别产生感应电动势 $\dot{E}_{\mathrm{s}}$ 和 $\dot{E}_{\mathrm{c}}$，并且产生电流 $\dot{I}_{\mathrm{s}}$ 和 $\dot{I}_{\mathrm{c}}$，电流 $\dot{I}_{\mathrm{s}}$ 和 $\dot{I}_{\mathrm{c}}$ 分别产生磁场 $\dot{B}_{\mathrm{s}}$ 和 $\dot{B}_{\mathrm{c}}$，为分析方便把 $\dot{B}_{\mathrm{s}}$ 和 $\dot{B}_{\mathrm{c}}$ 分别分解成直轴和交轴分量，如图 7-6 所示。

若所产生 $\dot{B}_{\mathrm{s}}$ 和 $\dot{B}_{\mathrm{c}}$ 的交轴分量互相抵消，则旋转变压器中就不存在交轴磁通，也就消除了交轴磁通引起的输出特性畸变。

② 一次侧补偿的正余弦旋转变压器　除了采取二次侧补偿的方法来消除交轴磁通的影响以外，还可以采用一次侧补偿的方法。一次侧补偿的正余弦旋转变压器的接线如图 7-7 所示。将励磁绕组 S_1-S_2 接励磁电压后，S_3-S_4 绕组接阻抗 Z，转子绕组 R_3-R_4 接负载 Z_{L}，绕组 R_1-R_2 开路。定子交轴绕组 S_3-S_4 对交轴磁通来说是一个阻尼绕组。因为交轴磁通在绕组 S_3-S_4 中要产生感应电流，根据楞次定律，该电流所产生的磁通是阻碍交轴磁通变化的，因而对交轴磁通起去磁作用，从而达到补偿的目的。可以证明，当 Z 等于励磁电源内阻 Z_{in} 时，由转子电流所引起的特性畸变可以得到完全的补偿。因一般电源内阻抗很小，所以通常把交轴绕组直接短路。

比较以上两种补偿方法，可以看出采用二次侧补偿时，补偿用的阻抗 Z' 的数值和旋转变压器所带的负载 Z_{L} 的大小有关，且只有随负载阻抗 Z_{L} 的变化而变化才能做到完全补偿。而采用一次侧补偿时，交轴绕组短路而与负载阻抗无关，因此一次侧补偿易于实现。

③ 一、二次侧同时补偿的正余弦旋转变压器　正余弦旋转变压器在实际应用过程中，为了得到更好的补偿，常常采用一次侧和二次侧同时补偿的方法，其原理接线图如图 7-8 所

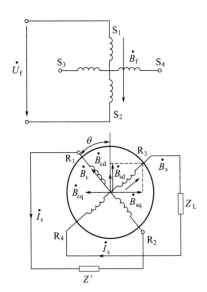

图 7-6　二次侧补偿的正余弦旋转变压器

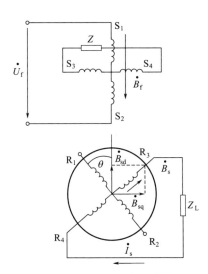

图 7-7　一次侧补偿的正余弦旋转变压器

示。在正余弦输出绕组中分别接入负载 Z_L 和 Z'，一次侧交轴绕组直接短接，采用一、二次侧同时补偿，二次侧接不变的阻抗，负载变动时二次侧未补偿的部分由一次侧补偿，从而达到全补偿的目的。

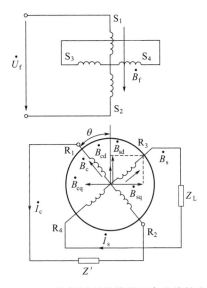

图 7-8　一、二次侧同时补偿的正余弦旋转变压器

7.2.2　线性旋转变压器

线性旋转变压器是指其输出绕组的输出电压 U 与转子转角 θ 成线性关系（即 $U=k\theta$）的旋转变压器。

正余弦旋转变压器在转角 θ 很小时，$\sin\theta\approx\theta$，则有

$$U_{34} = K_u U_f \sin\theta \approx K_u U_f \theta$$

在 θ 很小的范围内输出电压可近似看成是转角的线性函数。当转角 θ 较大时，这种线性函数关系便不再使用。

为了扩大线性的角度范围，将正余弦旋转变压器的定子和转子绕组进行改接，就可变成线性旋转变压器。

如图 7-9 所示，把正余弦旋转变压器的定子绕组 S_1-S_2 与转子绕组 R_1-R_2 串联后施加励磁电压 $\dot{U}_f$，成为一次侧（励磁方），将定子交轴绕组 S_3-S_4 短接作为原边补偿，转子输出绕组 R_3-R_4 仍为输出绕组接负载阻抗 Z_L，就变换成了带一次侧补偿的线性旋转变压器。

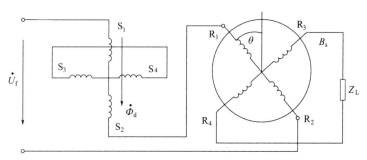

图 7-9　线性旋转变压器原理图

下面分析它的工作原理。若转子逆时针转过 θ 角，由于定子绕组的补偿作用，使得定子绕组 S_1-S_2 及转子绕组 R_1-R_2 合成磁动势所产生的磁通仅存在直轴分量，交轴分量被完全抵消，可以近似认为该旋转变压器中只有直轴磁通 $\dot{\Phi}_d$。$\dot{\Phi}_d$ 在定子 S_1-S_2 绕组中感应电势 E_d，在转子 R_3-R_4 绕组中感应的电势为

$$E_{34} = -K_u E_d \sin\theta$$

在转子 R_1-R_2 绕组中感应的电势为

$$E_{12} = -K_u E_d \cos\theta$$

因为定子 S_1-S_2 绕组和转子 R_1-R_2 绕组串联，所以若忽略绕组的漏阻抗压降时有

$$U_f = E_d + K_u E_d \cos\theta$$

又因为转子输出绕组的电压有效值 $U_L = U_{34}$ 在略去阻抗压降时就等于 E_{34}，即

$$U_L = U_{34} = -E_{34} = K_u E_d \sin\theta$$

故以上两式的比值为

$$\frac{U_L}{U_f} = \frac{K_u \sin\theta}{1 + K_u \cos\theta}$$

所以旋转变压器输出绕组的电压为

$$U_L = \frac{K_u \sin\theta}{1 + K_u \cos\theta} U_f$$

根据上式，可绘制出线性旋转变压器输出特性曲线如图 7-10 所示。

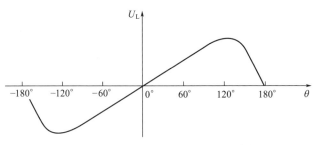

图 7-10   线性旋转变压器输出特性曲线

由图 7-10 可见，在转角很小时，即转子转角 θ 在 $\pm 60°$ 范围内其输出电压 U_L 可以看成是随转角 θ 变化的线性函数。当设计的变比 K_u 取 0.56～0.59 之间的数值时，误差不超过 0.1%。

7.2.3   比例式旋转变压器

比例式旋转变压器具有能把输入电压与输出电压精确地调整到一定比例关系的功能，其电气原理与正余弦旋转变压器相同，在结构上只增加一个转子锁定装置（有些产品不带转子锁定装置，由用户自配）。

比例式旋转变压器的用途是用来匹配阻抗和调节电压，主要用于调整控制系统某一部分的比例关系，而不改变其变化规律。其接线方式与原边补偿的普通正弦旋转变压器相同，只是将转子的转角 θ 固定在某一确定的值。

若在旋转变压器的定子绕组 $S_1\text{-}S_2$ 端施以励磁电压，由于定子 $S_3\text{-}S_4$ 绕组直接短路进行原边补偿，转子 $R_3\text{-}R_4$ 绕组开路，转子绕组 $R_1\text{-}R_2$ 从基准电压零位逆时针转过 θ 角，则转子绕组 $R_1\text{-}R_2$ 端的输出电压为

$$U_{12} = K_u U_f \cos\theta$$

$$\frac{U_{12}}{U_f} = K_u \cos\theta$$

由上式可知，$\cos\theta$ 在 $(+1, -1)$ 范围内变化，K_u 为常数，故比值 U_{12}/U_f 将在 $\pm K_u$ 的范围内变化。如果调节转子转角 θ 到某一定值，则可得到唯一的比值 U_{12}/U_f。这就是比例式旋转变压器的工作原理。

在自控系统中，若前级装置的输出电压与后级装置需要的输入电压不匹配，可以在前、后级装置之间放置一台比例式旋转变压器。将前级装置的输出电压加在该旋转变压器的输入端，调整比例式旋转变压器的转子转角到适当值，即可输出后级装置所需的输入电压。

7.3   无接触式旋转变压器和双通道旋转变压器

7.3.1   无接触式旋转变压器

无接触式旋转变压器可分为两种类型，即有限转角型和无限转角型。前者把转子绕组引

出线做成弹性卷带状，只能在一定转角内转动，因此不必设置电刷和集电环；后者用环形变压器代替接触式旋转变压器中的电刷和集电环，利用变压器原理，将电气信号从转子引入或引出，其转角不受限制。这里只介绍无限转角型无接触式旋转变压器。

　　无接触式旋转变压器具有一到两个环形变压器，环形变压器的转子绕组与旋转变压器的转子绕组直接相连，如图 7-11 所示。若以环形变压器作为输入方，旋转变压器作为输出方 [见图 7-11(a)、(d)]，当环形变压器的定子绕组通入交流电时，在环形变压器的转子绕组中就产生感应电动势，其大小与转子转角无关，此电动势施加在旋转变压器的转子绕组上，即为旋转变压器的励磁电压，从而形成无接触（无刷）式结构。也可以将旋转变压器作为输入方，环形变压器作为输出方 [见图 7-11(b)、(c)]，其工作原理完全相同。

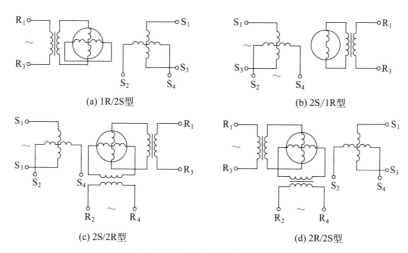

图 7-11　无接触式旋转变压器的 4 种工作原理图

　　按用途的不同，无接触式旋转变压器可分为 4 种工作方式。图 7-11（a）为单环形变压器输入、旋转变压器输出型，图 7-11（b）为旋转变压器输入、单环形变压器输出型，图 7-11（c）为旋转变压器输入、双环形变压器输出型，图 7-11（d）为双环形变压器输入、旋转变压器输出型。

　　由于取消了电刷与集电环之间的滑动接触，因此，无接触式旋转变压器工作的可靠性大为提高。

7.3.2　双通道旋转变压器

　　为了提高旋转变压器的精度，可以把单极对旋转变压器与多极对旋转变压器组合使用，构成双通道旋转变压器。单极对的作为粗机，构成粗测系统；多极对的作为精机，构成精测系统。双通道旋转变压器的精度可以达到角秒级。

　　图 7-12 为双通道旋转变压器原理图，其中 RT1 和 RT2 为二极旋转变压器，构成粗读通道；RT3 和 RT4 为多极旋转变压器，构成精读通道。RT1 和 RT3 为发送机，它们的转子同轴连接，RT2 和 RT4 为控制变压器，它们的转子也同轴连接。作为发送机的旋转变压器的转子正弦绕组接交流电源 $\dot{U}_f$ 作为变压器的一次绕组，转子另一绕组直接短接作补偿用。同一通道的两台旋转变压器的定子绕组相应地连在一起。控制变压器的转子正弦绕组作为测角线路的输

出绕组，输出电压经放大器加到伺服电动机的控制绕组上。当控制变压器的转子转角 α_2 不等于发送机转子转角 α_1 时，控制变压器输出绕组的输出电压将与失调角 θ（$=\alpha_1-\alpha_2$）成正弦函数关系，伺服电动机在该输出电压的作用下将带动控制变压器转子一起旋转，直至失调角为零，即 $\alpha_1=\alpha_2$。采用该双通道系统后，其精度可达到 $20''$，甚至 $3''\sim7''$。

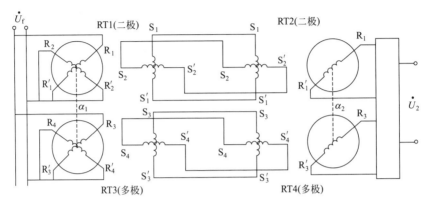

图 7-12 双通道旋转变压器原理图

多极对旋转变压器有两种结构，一种是单独精机结构，另一种是粗、精机组合结构。在电气变速的双通道随动系统中，粗机和精机总是连接在一起的，因此，组合结构更便于安装和使用。组合式结构的旋转变压器的磁路可分为分磁路和共磁路两种。分磁路是指粗机和精机各有自己的铁芯和磁路，在磁路上互不干扰，有利于提高旋转变压器的精度，但结构较复杂；共磁路是指粗机和精机绕组嵌放于一个共同铁芯的槽内，磁路是共用的，其结构简单，但共用磁路对精机的精度有一定影响。

用于高精度角度传输系统时，多极对旋转变压器一般为 30～72 极，用于解算装置时，一般为 16～128 极。

7.4　旋转变压器的选用

7.4.1　旋转变压器的主要技术指标

正余弦旋转变压器作为解算元件时，其精度由函数误差和零位误差来决定。当作为四线自整角机使用时，其精度则由电气误差来决定。

（1）正余弦函数误差 f_e

当正余弦旋转变压器的励磁绕组外施额定的单相交流电源励磁，且补偿绕组短接时，在不同的转子转角位置，转子上两个输出绕组的感应电动势与理论的正弦（或余弦）函数值之差对最大理论输出电压之比，称为该旋转变压器的正余弦函数误差。这种误差直接影响作为解算元件的解算精度。

（2）零位误差 $\Delta\theta_0$

当正余弦旋转变压器的励磁绕组外施额定的单相交流电源励磁，且补偿绕组短接时，转动转子使两个输出绕组中任意一个的输出电压为最小值的转子位置称为电气零位。零位误差是实际电气零位与理想电气零位（即转子转角为 0°、90°、180°、270°）之差，以角分来表示。零位误差的大小将直接影响到解算装置和角度传输的精度。

（3）电气误差 $\Delta \theta_e$

当正余弦旋转变压器的励磁绕组外施额定的单相交流电源励磁，且补偿绕组短接时，在不同的转子转角位置，两个输出绕组的输出电压之比所对应的正切或余切的角度，与实际转角之差值称为电气误差，通常以角分来表示。

电气误差是由函数误差、零位误差、电压比误差及阻抗不对称等因素造成的。它直接影响到角度传输系统的精度。

（4）零位电压 U_0

正余弦旋转变压器的转子处于电气零位时的输出电压的大小，称为零位电压（又称剩余电压）。旋转变压器的最大零位电压与额定电压之比应不超过规定值。

零位电压由两部分组成，一部分是与励磁电压的频率相同，但相位相差 90°电角度的基波正交分量；另一部分是频率为励磁频率奇数倍的共次谐波分量。零位电压过高将引起输出电压外接的放大器饱和。

产生零位误差的主要原因是磁路不对称，定、转子不同心，绕组不对称以及匝间短接而使旋转变压器磁路、电路不对称。

7.4.2　选型注意事项

旋转变压器在自动控制系统中具有检测和解算功能，是一种高精度的检测解算元件。目前主要用于三角运算、坐标变换、移相器、角度数据传输和角度数据转换等方面，并可进行远距离的数据传输和角位测量。在选择产品时根据系统的使用场合和精度要求确定其主要技术数据，如电压、频率、变比和开路输入阻抗等。

① 应根据系统要求旋转变压器在系统中的不同功用，在正余弦旋转变压器（XZ）、线性旋转变压器（XX）、比例式旋转变压器（XL）、旋变发送机（XF）、旋变差动发送机（XC）和旋变变压器（XB）中选择相应的品种。由于大机座号产品的性能受外界环境变化的影响较小，因此在使用时应尽可能优先选用 28 号以上机座的旋转变压器。

② 选用的旋转变压器的额定电源和频率必须与励磁电源相匹配，否则会导致旋转变压器的精度下降，变比和相位移改变，严重时甚至会使旋转变压器损坏。旋转变压器串联使用时，后级的额定输入电压应与前级的最大输出电压相等。

③ 旋转变压器串联使用时，前、后级旋转变压器的阻抗应匹配，以保证精度。

④ 旋转变压器串联使用时，后级旋转变压器的励磁电压变化范围大，故在后级中应尽可能选用以坡莫合金为铁芯的旋转变压器。

7.4.3　旋转变压器的选择

（1）系统的选择

旋转变压器是一种精度很高、结构和工艺要求十分严格和精细的控制微电机。由于旋转变压器价格比较便宜，使用也较方便，所以应用十分广泛。

目前，正余弦旋转变压器主要用在三角运算、坐标变换、移相器、角度数据传输和角度数据转换等方面。线性旋转变压器主要用作机械角度与电信号之间的线性变换。数据传输用旋转变压器则用来组成同步连接系统，进行远距离的数据传输和角位测量。它的精确度比自整角机高，一般自整角机的远距离角度传输系统的绝对误差至少为 $10'\sim30'$，若采用两极的正余弦旋转变压器作为发送机和接收机，传输误差可下降到 $1'\sim5'$，故旋转变压器一般多用在对精确度要求较高的系统中。

（2）主要技术数据的选择

① 额定电压。额定电压指励磁绕组应加的电压值，有 12V、26V、36V、60V、90V、110V、115V、220V 等几种。

② 额定频率。额定频率指励磁电压的频率，有 50Hz 和 400Hz 两种。一般工频 50Hz 的旋转变压器使用起来比较方便，但性能会差一些。而 400Hz 的旋转变压器性能较好，但成本较高。选择时，应根据自己的需要，选择性能价格比适合的产品。

③ 变比。变比指在规定的励磁一方的励磁绕组上加上额定频率的额定电压时，与励磁绕组轴线一致的处于零位的非励磁一方绕组的开路输出电压（即最大空载输出电压）的基波分量与励磁电压的基波分量之比，有 0.15、0.56、0.65、0.78、1.0 和 2.0 等几种，应根据所要求的输出电压选择变比。

④ 开路输入阻抗（或称空载输入阻抗）。开路输入阻抗指输出绕组开路时，从励磁绕组看的等效阻抗值。标准开路输入阻抗有 200Ω、400Ω、600Ω、1000Ω、2000Ω、3000Ω、4000Ω、6000Ω 和 10000Ω 等几种。在一定的励磁电压下，开路输入阻抗越大，励磁电流越小，所需电源容量也越小。

7.4.4　旋转变压器使用注意事项

在使用旋转变压器时主要应注意以下几点。

① 因旋转变压器要在接近空载的状态下工作，其开路输入阻抗应远大于旋转变压器的输出阻抗。两者的比值越大，输出特性的畸变就越小。

② 使用前首先应准确地调整零位，否则误差将加大，精度降低。

③ 只接一相励磁绕组时，另一相要短接或接一与励磁电源内阻相等的阻抗。

④ 当采用励磁一方两相绕组同时励磁时，因只能采用二次侧补偿的方法，两相输出绕组的阻抗应尽可能相等。

7.5　旋转变压器常见故障及其排除方法

旋转变压器常见故障及其排除方法见表 7-1。

表 7-1　旋转变压器的常见故障及其排除方法

故障现象	原因	处理方法
一次电流大，机壳发热或噪声大	一次绕组短路	分别测量两个一次绕组的电阻值是否相等并符合技术条件,若电阻值低于技术条件,该组即短路,应更换电机
	二次绕组短路	分别测量两个二次绕组的电阻值是否相等并符合技术条件,若电阻值低于技术条件,该组即短路,应更换电机

续表

故障现象	原因	处理方法
二次输出电压为零	一次绕组开路	测量一次绕组的电阻值,若是无限大,则该绕组为开路,应更换电机
	二次绕组开路	测量二次绕组的电阻值,若是无限大,则该绕组为开路,应更换电机
	二次绕组出线端短路	此时一次电流远超出额定值或有较大噪声,排除短路点可继续使用
二次输出电压过大	励磁电压过高	检查励磁电压并调整到额定值
	一次绕组匝间短路	此时励磁电流大于额定值,一次绕组电阻小于技术条件规定值,应更换电机
二次输出电压过小	励磁电压过低	检查励磁电压并调整到额定值
	二次绕组匝间短路	一次一相绕组励磁(有可能时提高励磁频率),二次两相绕组开路,缓慢地转动转子并监测励磁电流,若励磁电流变化的幅度很大,则可判定二次绕组有匝间短路,应更换电机
精度下降	励磁电压过高	检查励磁电压并调整到正常值
	电刷与集电环接触不良	此时个别位置精度严重下降,其他位置正常,可小心调整电刷的位置和压力,使其接触电阻变化符合技术条件要求

7.6　旋转变压器的应用

7.6.1　测量差角

　　将一对旋转变压器按图 7-13 所示的方式连接。左边为发送机 XFS,右边为接收机 XBS,与发送轴耦合的旋转变压器称为旋变发送机,与接收轴耦合的旋转变压器称为旋变接收机或旋转变压器。如前所述,旋转变压器中定、转子绕组都是两相对称绕组。当用一对旋转变压器测量差角时,为了减少由于电刷接触不良而造成的不可靠,常常把定、转子绕组互换使用,即旋变发送机转子绕组 R_1-R_2 加交流励磁电压 $\dot{U}_f$,绕组 R_3-R_4 短路,用作补偿交轴磁

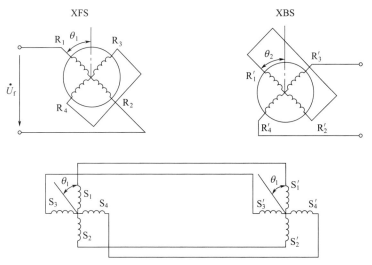

图 7-13　用一对旋转变压器测量差角的原理图

通，旋变发送机和旋变变压器的定子绕组相互连接。这样，在旋变变压器的转子绕组 R₃'-R₄' 两端输出一个与两转轴的差角 $\delta = \theta_1 - \theta_2$ 的正弦函数成正比的电动势，当差角减小时，该输出电动势近似正比于差角。因此，一对旋转变压器可以用来测量差角。

用一对旋转变压器测量差角的工作原理图和用一对自整角机测量差角的工作原理相同。因为这两种电动机的气隙磁场都是脉振磁场，虽然定子绕组的相数不同，但都属于对称绕组，因此两者内部的电磁关系是相同的。完全可仿照分析控制式自整角机工作原理的方法加以证明。

由于一对旋转变压器测角原理和控制式自整角机完全相同，所以有时把这种工作方式的旋转变压器叫作四线自整角机。

旋转变压器用来测量差角时，发送机和接收机的整步绕组要有四根连接线，比自整角机多，而且旋转变压器价格比自整角机高。因此，一般是用自整角机测量差角，只有高精度的随动系统才采用旋转变压器进行差角测量。

7.6.2　坐标变换

（1）直角坐标-极坐标变换

设点 A 的直角坐标为 $(A_x，A_y)$，以相应的电压 U_1 和 U_2 分别输入旋转变压器的两个定子（原方）绕组。转子（副方）的一个绕组接放大器，输出电压经放大后输入伺服电动机的控制绕组，使电动机转动并通过减速器带动旋转变压器的转子，当转子转到 θ 角度时，输入放大器的电压为 0，伺服电动机停止转动，此时另一转子（副方）绕组的输出电压 U 即代表矢量 $\boldsymbol{OA}$ 的模，而转角 θ 代表幅角，见图 7-14。此法也可作为已知直角三角形两直角边长求斜边长的三角运算。此时 U_1 和 U_2 代表两直角边长，U 即为斜边长。

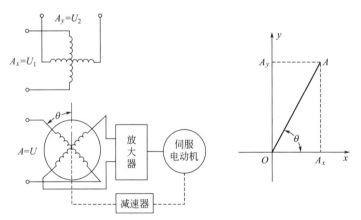

图 7-14　直角坐标-极坐标变换

假设 A 点为飞机所在的位置，O 点为雷达所在的位置，若已知飞机与雷达间的地面距离 (A_x) 和飞机的高度 (A_y)，则用此法可求得雷达与飞机之间的距离和仰角 θ。

（2）极坐标-直角坐标变换

若已知极坐标的模为 OA，幅角为 θ，见图 7-15，将代表 OA 的电压 U 施加于旋转变压器的定子（原方）绕组 S_1-S_2 上，并把转子转过 θ 角度，则转子（副方）绕组 R_1-R_2 和 R_3-R_4 的输出 U_1 和 U_2 即为直角坐标 $(A_x，A_y)$。

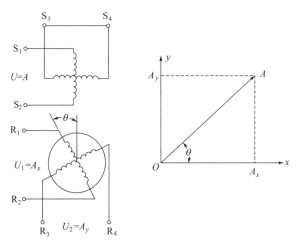

图 7-15　极坐标-直角坐标变换

此法也可作为已知直角三角形的斜边长（U）和一锐角（θ），求两直角边长（U_1 和 U_2）的运算。

若已知飞机与地面雷达间的直线距离（OA）和仰角（θ），应用此法即可求出飞机与雷达间的地面距离（A_x）和飞机的高度（A_y）。

（3）直角坐标的旋转

设原直角坐标系 xy 和新直角坐标系 $x'y'$ 有公共原点 O，但两坐标系相对转过 θ 角度。若 A 点的原坐标为（A_x，A_y），转换成新坐标系的新坐标为（A'_x，A'_y），两者的关系如下式：

$$A'_x = A_x\cos\theta + A_y\sin\theta$$

$$A'_y = -A_x\sin\theta + A_y\cos\theta$$

若以与 A_x，A_y 成正比的两电压分别接于旋转变压器定子（原方）两绕组，并将转子转过 θ 角度，则转子（副方）两绕组的输出电压分别与新坐标 $A_{x'}$ 和 $A_{y'}$ 成正比。

利用旋转直角坐标的方法，可以将航海中的相对航向坐标转换成以正北为 y 轴，正东为 x 轴的真实航向坐标。

如图 7-16 所示，载有雷达的舰船 O 的坐标系 xy 与真实航向坐标系 $x'y'$ 相差 θ 角。由于雷达测得 A 船的坐标（相对航向坐标）为（A_x，A_y），若以与 A_x、A_y 成正比的电压分别作为旋转变压器定子（原方）两绕组的励磁电压，将转子转过 θ 角度，则转子（副方）两绕组的输出电压分别与新坐标（真实航向坐标）A'_x 和 A'_y 成正比，由此即可求出 A'_x 和 A'_y。

7.6.3　矢量分解

矢量分解就是求矢量的两个直角坐标轴上的分量。矢量分解接线图如图 7-17 所示，在正余弦旋转变压器的励磁绕组上施加正比于矢量模值的励磁电压 U_f，将交轴绕组短接，转子从电气零位转过一个等于矢量相角的转角 θ，设旋转变压器的变比 K_u 为 1，这时，转子正、余弦绕组的输出电压应正比于该矢量的两个正交分量，即

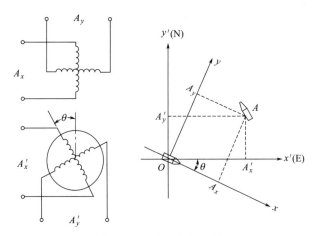

图 7-16　直角坐标的旋转

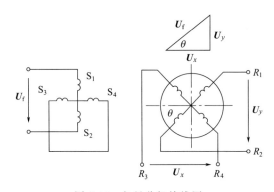

图 7-17　矢量分解接线图

$$U_y = K_u U_f \sin\theta = U_f \sin\theta$$

$$U_x = K_u U_f \cos\theta = U_f \cos\theta$$

7.6.4　反三角函数运算

正余弦旋转变压器除了可以得到和转子转角成正弦或余弦的输出电压外，还可以求解反三角函数。

在正余弦旋转变压器励磁绕组上外加正比于直角三角形斜边大小的励磁电压$\dot{U}_f$，将交轴绕组短接，如图 7-18 所示。设变压器变比 K_u 为 1，则转子两个绕组的输出电压分别为

$$U_{R_1} = U_f \sin\theta$$

$$U_{R_2} = U_f \cos\theta$$

若将正比于直角三角形一个直角边大小的电压 U 串入转子的正弦输出绕组中，然后经放大器放大后施加到交流伺服电动机的控制绕组上，伺服电动机通过减速器与旋转变压器转轴之间机械耦合。放大器输入电压为$\dot{U}_{R_1} - \dot{U}$，在该电压作用下伺服电动机带动旋转变压器的转子一起偏转，直至$\dot{U}_{R_1} - \dot{U} = 0$ 时，放大器的输出电压为零，伺服电动机停止转动，此

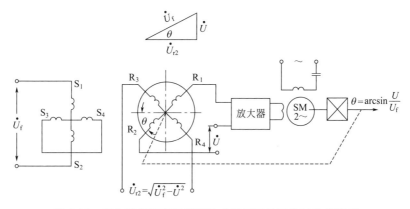

图 7-18　正余弦旋转变压器用作求解反正弦函数时的接线图

时有

$$U = U_{R_1} = U_f \sin\theta$$

即

$$\theta = \arcsin \frac{U}{U_f}$$

可见，利用这种方法可以求取反正弦函数。

在图 7-18 中，若将电压 $\dot{U}$ 串入转子余弦输出绕组，并将 $\dot{U}_{R_2}$ 与 $\dot{U}$ 的合成电压放大后加到交流伺服电动机的控制绕组，就可求得反余弦函数。

7.6.5　旋转变压器在数控机床测量装置中的应用

在数控机床中，常需要检测机床的位移值，数控系统据此建立反馈，使伺服系统控制机床向减小偏差的方向移动。旋转变压器可用作机床位移值的测量装置，图 7-19 是工作于相位方式的旋转变压器测量装置原理接线图。用函数发生器产生两个同频、同相幅值，但相位相差 $\frac{\pi}{2}$ 的交流电压，分别作用于两个定子绕组上，即

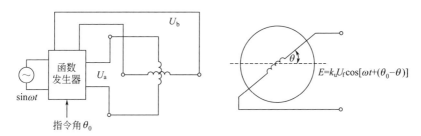

图 7-19　旋转变压器测量装置原理接线图（相位工作方式）

$$\begin{cases} U_a = U_f \sin(\omega t + \theta_0) \\ U_b = U_f \cos(\omega t + \theta_0) \end{cases}$$

式中，θ_0 为指令角。

则转子绕组上感应的电动势为

$$E = K_u U_a \sin\theta + K_u U_b \cos\theta$$

$$= K_u U_f \sin(\omega t + \theta_0)\sin\theta + K_u U_f \cos(\omega t + \theta_0)\cos\theta$$

$$= K_u U_f \cos[\omega t + (\theta_0 - \theta)]$$

由于旋转变压器转子转轴是与被测轴连接在一起的，且上式中 K_u、U_f、ω 均为常数，因此转子绕组输出电压的相位角 $(\theta_0 - \theta)$ 就反映了转轴转角 θ 对指令 θ_0（基准相位角）的跟随程度。当 $\theta_0 - \theta = 0$ 时，表明实际位置与指令位置相同，无跟随误差；若 $\theta_0 - \theta \neq 0$，则两者不一致，存在跟随误差。利用其相位差作为伺服驱动系统的控制信号，控制执行元件向减小相位差的方向移动。

第 *8* 章
步进电动机

8.1 步进电动机概述

8.1.1 步进电动机的用途

步进电动机（简称步进电机）是一种用电脉冲信号进行控制，并将电脉冲信号转换成相应的角位移（或线位移）的一种控制电机。步进电动机又称为脉冲电动机。

一般电动机都是连续旋转的，而步进电动机则是一步一步转动的，它由专用电源供给电脉冲，每输入一个电脉冲信号，电动机就转过一个角度，如图 8-1 所示。步进电动机也可以直接输出线位移，每输入一个电脉冲信号，电动机就走一段直线距离。它可以看作是一种特殊运行方式的同步电动机。

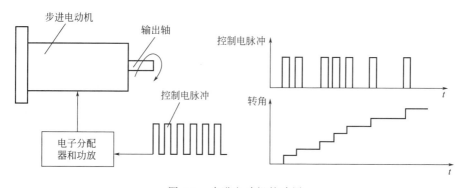

图 8-1　步进电动机的功用

步进电动机的运动形式与普通匀速旋转的电动机有一定的差别，它的运动形式是步进式的，所以称为步进电动机。又因其绕组上所加的电源是脉冲电压，有时也称它为脉冲电动机。

由于步进电动机是受脉冲信号控制的，所以步进电动机不需要变换就能直接将数字信号转换成角位移或线位移。因此它很适合作为数字控制系统的伺服元件。

近年来，步进电动机已广泛地应用于数字控制系统中，例如数控机床、绘图机、计算机外围设备、自动记录仪表、钟表和数-模转换装置等。随着其研制工作的进展，步进电动机的性能也有较大的提高。

8.1.2　步进电动机的特点

（1）步进电动机的优点

① 步进电动机的角位移量（或直线位移量）与电脉冲数成正比，所以步进电动机的转速（或线速度）也与脉冲频率成正比。在步进电动机的负载能力范围内，其步距角和转速大小不受电压波动和负载变化的影响，也不受环境条件如温度、气压、冲击和振动等影响，它仅与脉冲频率有关。因此，步进电动机适于在开环系统中作执行元件。

② 步进电动机控制性能好，通过改变脉冲频率的高低就可以在很大的范围内调节步进电动机的转速（或线速度），并能快速启动、制动和反转。若用同一频率的脉冲电源控制几台步进电动机时，它们可以同步运行。

③ 步进电动机每转一周都有固定的步数，在不丢步的情况下运行，其步距误差不会长期积累。即每一步虽然有误差，但转过一周时，累积误差为零。这些特点使它完全适用于数字控制的开环系统中作为伺服元件，并使整个系统大为简化，而又运行可靠。当采用了速度和位置检测装置后，它也可以用于闭环系统中。

④ 有些形式的步进电动机在停止供电状态下还有定位转矩，有些形式的步进电动机在停机后某些相绕组仍保持通电状态，也具有自锁能力，不需要机械制动装置。

⑤ 步进电动机的步距角变动范围较大，在小步距角的情况下，往往可以不经减速器而获得低速运行。

由于以上这些特点，步进电动机日益广泛地应用于数字控制系统中，例如数控机床、绘图机、自动记录仪表、数/模变换装置以及航空、导弹、无线电等工业中。

（2）步进电动机的缺点

步进电动机的主要缺点是效率较低，并且需要配上适当的驱动电源供给电脉冲信号。一般来说，它带负载惯量的能力不强，在使用时既要注意负载转矩的大小，又要注意负载转动惯量的大小，只有当两者选取在合适的范围时，步进电动机才能获得满意的运行性能。此外，共振和振荡也常常是运行中出现的问题，特别是内阻尼较小的反应式步进电动机，有时还要加机械阻尼机构。

8.1.3　步进电动机的种类

步进电动机的种类很多，按运动形式分有旋转式步进电动机、直线步进电动机和平面步进电动机。按运行原理和结构形式分类，步进电动机可分为反应式、永磁式和混合式（又称为感应子式）等。按工作方式分类，步进电动机可分为功率式和伺服式，前者能直接带动较大的负载，后者仅能带动较小负载。其中反应式步进电动机用得比较普遍，结构也较简单。

当前最有发展前景的是混合式步进电动机，其有以下四个方面的发展趋势：①继续沿着小型化的方向发展；②改圆形电动机为方形电动机；③对电动机进行综合设计；④向五相和三相电动机方向发展。

8.2　步进电动机的基本结构与工作原理

8.2.1　反应式步进电动机

（1）反应式步进电动机的基本结构

反应式步进电动机是利用反应转矩（磁阻转矩）使转子转动的。因结构不同，又可分为单段式和多段式两种。

① 单段式：又称为径向分相式。它是目前步进电动机中使用得最多的一种结构形式，如图 8-2 所示。一般在定子上嵌有几组控制绕组，每组绕组为一相，但至少要有三相以上，否则不能形成启动力矩。定子的磁极数通常为相数 m 的 2 倍，每个磁极上都装有控制绕组，绕组形式为集中绕组，在定子磁极的极弧上开有小齿。转子由软磁材料制成，转子沿圆周上也有均匀分布的小齿，它与定子极弧上的小齿有相同的分度数，即称为齿距，且齿形相似。定子磁极的中心线即齿的中心线或槽的中心线。

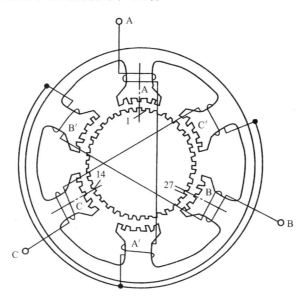

图 8-2　单段式三相反应式步进电动机

（A 相通电时的位置）

单段式反应式步进电动机制造简便，精度易于保证；步距角也可以做得较小，容易得到较高的启动和运行频率。其缺点是，当电动机的直径较小，而相数又较多时，沿径向分相较为困难。另外这种电动机消耗的功率较大，断电时无定位转矩。

② 多段式：又称为轴向分相式。按其磁路的特点不同，又可分为轴向磁路多段式和径向磁路多段式两种。

a. 轴向磁路多段式步进电动机的结构如图 8-3 所示。定、转子铁芯沿电动机轴向按相数 m 分段，每一组定子铁芯中放置一环形的控制绕组。定、转子圆周上冲有形状相似、数量相同的小齿。定子铁芯（或转子铁芯）每相邻段错开 $1/m$ 齿距。

这种步进电动机的定子空间利用率较好，环形控制绕组绕制方便。转子的转动惯量低，

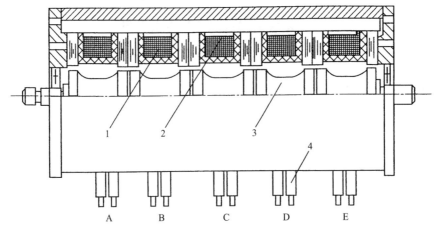

图 8-3 轴向磁路多段式反应式步进电动机
1—线圈；2—定子；3—转子；4—引线

步距角也可以做得较小，启动和运行频率较高。但是在制造时，铁芯分段和错位工艺较复杂，精度不易保证。

b. 径向磁路多段式步进电动机的结构如图 8-4 所示。定、转子铁芯沿电动机轴向按相数 m 分段，每段定子铁芯的磁极上均放置同一相控制绕组。定子铁芯（或转子铁芯）每相邻两段错开 $1/m$ 齿距，对每一段铁芯来说，定、转子上的磁极分布情况相同。也可以在一段铁芯上放置两相或三相控制绕组，相当于单段式电动机的组合。定子铁芯（或转子铁芯）每相邻两段则应错开相应的齿距。

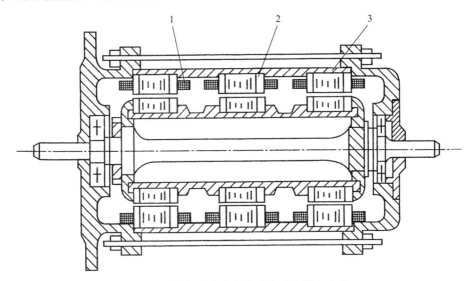

图 8-4 径向磁路多段式反应式步进电动机
1—线圈；2—定子；3—转子

这种步进电动机的步距角可以做得较小，启动和运行频率较高，对于相数多且直径和长度又有限制的反应式步进电动机来说，在磁极布置上要比以上两种灵活，但是铁芯的错位工艺比较复杂。

（2）反应式步进电动机的工作原理

图 8-5 所示为一台最简单的三相反应式步进电动机的工作原理图。它的定子上有 6 个极，每个极上都装有控制绕组，每两个相对的极组成一相。转子是 4 个均匀分布的齿，上面没有绕组。反应式步进电动机是利用凸极转子交轴磁阻与直轴磁阻之差所产生的反应转矩（或称磁阻转矩）而转动的，所以也称为磁阻式步进电动机。下面分别介绍不同通电方式时，反应式步进电动机的工作原理。

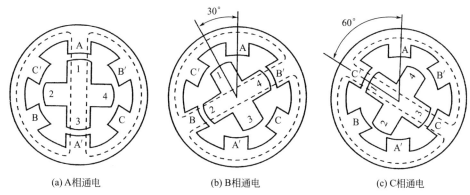

(a) A相通电　　　　　(b) B相通电　　　　　(c) C相通电

图 8-5　三相反应式步进电动机的工作原理图

1～4—转子齿

① 三相单三拍通电方式。反应式步进电动机，采用三相单三拍通电方式运行的工作原理如图 8-5 所示。当 A 相控制绕组通电时，气隙磁场轴线与 A 相绕组轴线重合，因磁通总是要沿着磁阻最小的路径闭合，所以在磁拉力的作用下，将使转子齿 1 和 3 的轴线与定子 A 极轴线对齐，如图 8-5 (a) 所示。同理，当 A 相断电、B 相通电时，转子便按逆时针方向转过 30°角度，使转子齿 2 和 4 的轴线与定子 B 极轴线对齐，如图 8-5 (b) 所示。如再使 B 相断电、C 相通电，则转子又将在空间转过 30°，使转子齿 1 和 3 的轴线与定子 C 极轴线对齐，如图 8-5 (c) 所示。如此循环往复，并按 A→B→C→A 的顺序通电，步进电动机便按一定的方向一步一步地连续转动。步进电动机的转速直接取决于控制绕组与电源接通或断开的变化频率。若按 A→C→B→A 的顺序通电，则步进电动机将反向转动。

步进电动机的定子控制绕组每改变一次通电方式，称为一拍。此时步进电动机转子所转过的空间角度称为步距角 θ_s。上述的通电方式，称为三相单三拍运行。所谓"三相"，即三相步进电动机，具有三相定子绕组；"单"是指每次通电时，只有一相控制绕组通电；"三拍"是指经过三次切换控制绕组的通电状态为一个循环，第四次换接重复第一次的情况。很显然，在这种通电方式时，三相反应式步进电动机的步距角 θ_s 应为 30°。

三相单三拍运行时，步进电动机的控制绕组在断电、通电的间断期间，转子磁极因"失磁"而不能保持自行"锁定"的平衡位置，即失去了"自锁"能力，易出现失步现象；另外，由一相控制绕组断电至另一相控制绕组通电，转子则经历启动加速、减速至新的平衡位置的过程，转子在达到新的平衡位置时，会由于惯性而在平衡点附近产生振荡现象，故运行的稳定性差。因此，常采用双三拍或单、双六拍的控制方式。

② 三相双三拍通电方式。反应式步进电动机，采用三相双三拍通电方式运行的工作原理如图 8-6 所示，其控制绕组按 AB→BC→CA→AB 顺序通电，或按 AB→CA→BC→AB 顺序通电，即每拍同时有两相绕组同时通电，三拍为一个循环。当 A、B 两相控制绕组通电时，转子齿的位置应同时考虑到两对定子极的作用，只有当 A 相极和 B 相极对转子齿所产生的磁拉力相平衡时，才是转子的平衡位置，如图 8-6 (a) 所示。若下一拍为 B、C 两相同

时通电，则转子按逆时针方向转过 30°，到达新的平衡位置，如图 8-6（b）所示。

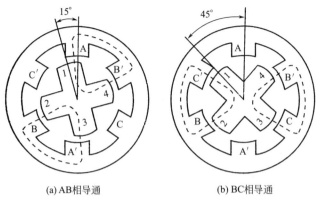

(a) AB 相导通   (b) BC 相导通

图 8-6 三相双三拍通电方式工作原理图

1~4—转子齿

由图 8-6 可知，反应式步进电动机采用三相双三拍通电方式运行时，其步距角仍是 30°。但是三相双三拍运行时，每一拍总有一相绕组持续通电，例如由 A、B 两相通电变为 B、C 两相通电时，B 相始终保持持续通电状态，C 相磁拉力试图使转子逆时针方向转动，而 B 相磁拉力却起阻止转子继续向前转动的作用，即起到了一定的电磁阻尼作用，所以步进电动机工作比较平稳。而在三相单三拍运行时，由于没有这种阻尼作用，所以转子达到新的平衡位置时容易产生振荡，稳定性不如三相双三拍运行方式。

③ 三相单、双六拍通电方式。反应式步进电动机，采用三相单、双六拍通电方式运行的工作原理如图 8-7 所示，其控制绕组按 A→AB→B→BC→C→CA→A 的顺序通电，或按 A→AC→C→CB→B→BA→A 的顺序通电，也就是说，先 A 相控制绕组通电；以后再 A、B 相控制绕组同时通电；然后断开 A 相控制绕组，由 B 相控制绕组单独接通；再同时使 B、C 相控制绕组同时通电，依此进行。其特点是三相控制绕组需经 6 次切换才能完成一个循环，故称为"六拍"，而且通电时，有时是单个绕组接通，有时又为两个绕组同时接通，因此称为"单、双六拍"。

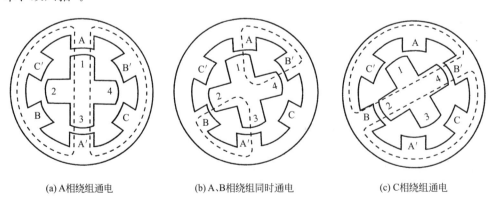

(a) A 相绕组通电   (b) A、B 相绕组同时通电   (c) C 相绕组通电

图 8-7 三相单、双六拍运行时的三相反应式步进电动机

1~4—转子齿

由图 8-7 可知，反应式步进电动机采用三相单、双六拍通电方式运行时，步距角也有所不同。当 A 相控制绕组通电时，与三相单三拍运行的情况相同，转子齿 1、3 和定子极 A、A′轴线对齐，如图 8-7（a）所示。当 A、B 相控制绕组同时通电时，转子齿 2、4 在定子极

B、B′的吸引下使转子沿逆时针方向转动，直至转子齿 1、3 和定子极 A、A′之间的作用力与转子齿 2、4 和定子极 B、B′之间的作用力相平衡为止，如图 8-7（b）所示。当断开 A 相控制绕组，而由 B 相控制绕组通电时，转子将继续沿逆时针方向转过一个角度，使转子齿 2、4 和定子极 B、B′对齐，如图 8-7（c）所示。若继续按 BC→C→CA→A 的顺序通电，步进电动机就按逆时针方向连续转动。如果通电顺序变为 A→AC→C→CB→B→BA→A 时，步进电动机将按顺时针方向转动。

在三相单三拍通电方式中，步进电动机每一拍转子转过的步距角 θ_s 为 30°。采用三相单、双六拍通电方式后，步进电动机由 A 相控制绕组单独通电到 B 相控制绕组单独通电，中间还要经过 A、B 两相同时通电这个状态，也就是说要经过两拍转子才转过 30°，所以，在这种通电方式下，三相步进电动机的步距角 $\theta_s = \dfrac{30°}{2} = 15°$，即单、双六拍运行时的步距角比三拍通电方式时减小一半。

由以上分析可见，同一台步进电动机采用不同的通电方式，可以有不同的拍数，对应的步距角也不同。

此外，六拍运行方式每一拍也总有一相控制绕组持续通电，也具有电磁阻尼作用，步进电动机工作也比较平稳。

上述这种简单结构的反应式步进电动机的步距角较大，如在数控机床中应用就会影响到加工工件的精度。图 8-2 所示的结构是最常见的一种小步距角的三相反应式步进电动机。它的定子上有 6 个极，分别绕有 A-A′、B-B′、C-C′三相控制绕组。转子上均匀分布 40 个齿。定子每个极上有 5 个齿。定、转子的齿宽和齿距都相同。当 A 相控制绕组通电时，转子受到反应转矩的作用，使转子齿的轴线和定子 A、A′极下齿的轴线对齐。因为转子上共有 40 个齿，其每个齿的齿距角为 $\dfrac{360°}{40} = 9°$，而定子磁极的极距为 $\dfrac{360°}{6} = 60°$，定子每个极距所占的转子齿数为 $\dfrac{40}{6} = 6\dfrac{2}{3}$，不是整数，如图 8-8 所示。由于相邻磁极间的转子齿不是整数，因此，当定子 A 极面下的定、转子齿对齐时，定子 B′极和 C′极面下的齿就分别和转子齿依次有 1/3 齿距的错位，即 3°。同样，当 A 相控制绕组断电，B 相控制绕组通电时，这时步进电动机中产生沿 B 极轴线方向的磁场，在反应转矩的作用下，转子按顺时针方向转过 3°，使转子齿的轴线和定子 B′极面下齿的轴线对齐，这时，定子 A 极和 C 极面下的齿又分别和转子齿依次错开 1/3 齿距。以此类推，若控制绕组持续按 A→B→C→A 的顺序循环通电，转子就沿顺时针方向一步一步地转动，每拍转过 3°，即步距角为 3°。若改变通电顺序，即按 A→C→B→A 的顺序循环通电，转子便沿逆时针方向同样以每拍转过 3°的方式转动。此时为单三拍通电方式运行。若采用三相单、双六拍的通电方式运行时，即按与前面分析的 A→AB→B→BC→C→CA→A 的顺序循环通电，同样步距角也要减少一半，即每拍转子仅转过 1.5°。

通过以上的分析可知，为了能实现"自动错位"，反应式步进电动机的转子齿数 Z_r 不能任意选取，而应满足一定的条件。因为在同一相的几个磁极下，定、转子齿只有同时对齐或同时错开，才能使同一相的几个磁极的作用相加，产生足够的反应转矩，而定子圆周上属于同一相的极总是成对出现，所以转子齿数应是偶数。另外，在定子的相邻磁极下，定、转子齿之间应错开转子齿距的 $\dfrac{1}{m}$ 倍（m 为步进电动机的相数），即它们之间在空间位置上错开

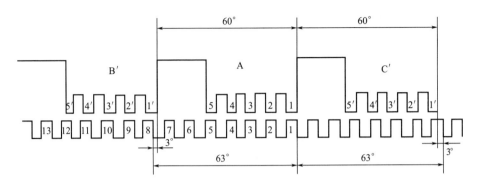

图 8-8　三相反应式步进电动机的展开图
（A 相绕组通电时）

$\dfrac{360^\circ}{mZ_r}$ 角。这样才能在连续改变通电状态下，获得连续不断的运动。由此可得反应式步进电动机转子齿数应符合下式条件：

$$Z_r = 2p\left(K \pm \dfrac{1}{m}\right)$$

式中　$2p$——反应式步进电动机定子极数，即一相控制绕组通电时在电动机圆周上形成的磁极数；

　　　　m——步进电动机的相数；

　　　　K——正整数。

由以上分析可知，反应式步进电动机的步距角 θ_s 的大小是由转子的齿数 Z_r、控制绕组的相数 m 和通电方式所决定的。它们之间存在以下关系：

$$\theta_s = \dfrac{360^\circ}{mZ_r C} = \dfrac{2\pi}{mZ_r C}$$

式中，C 为状态系数，当采用单三拍和双三拍通电方式运行时，$C=1$；而采用单、双六拍通电方式运行时，$C=2$。

如果以 N 表示步进电动机运行的拍数，则转子经过 N 步，将经过一个齿距。每转一圈（即 360° 机械角），需要走 NZ_r 步，所以步距角又可以表示为

$$\theta_s = \dfrac{360^\circ}{NZ_r} = \dfrac{2\pi}{NZ_r}$$

$$N = Cm$$

若步进电动机通电的脉冲频率为 f（拍/s 或脉冲数/s），则步进电动机的转速 n 为

$$n = \dfrac{60f}{mZ_r C} \quad 或 \quad n = \dfrac{60f}{NZ_r}$$

式中，f 的单位是 s^{-1}；n 的单位是 r/min。

由此可知，反应式步进电动机的转速与拍数 N、转子齿数 Z_r 及脉冲的频率 f 有关。相数和转子齿数越多，步距角越小，转速也越低。在同样脉冲频率下，转速越低，其他性能也

有所改善，但相数越多，电源越复杂。目前步进电动机一般做到六相，个别的也有做成八相或更多相数的。

同理，当转子齿数一定时，步进电动机的转速与输入脉冲的频率成正比，改变脉冲的频率，可以改变步进电动机的转速。

增加转子齿数是减小步进电动机步距角的一个有效途径，目前所使用的步进电动机转子齿数一般很多。对于相同相数的步进电动机，既可以采用单拍或双拍方式，也可以采用单、双拍方式。所以，同一台步进电动机可有两种步距角，如 3°/1.5°、1.5°/0.75°、1.2°/0.6°等。

8.2.2 永磁式步进电动机

（1）永磁式步进电动机的基本结构

永磁式步进电动机也有多种结构，图 8-9 是一种典型结构。它的定子为凸极式，定子上有两相或多相绕组，转子为一对或几对极的星形磁钢，转子的极数应与定子每相的极数相同。图中定子为两相集中绕组（AO、BO），每相为两对极，因此转子也是两对极的永磁转子。

（2）永磁式步进电动机的工作原理

在图 8-9 中可以看出，当定子绕组按 A→B→（−A）→（−B）→A…的次序轮流通以直流脉冲时（如 A 相通入正脉冲，则定子上形成上下 S、左右 N 四个磁极），按 N、S 相吸原理，转子必为上下 N、左右 S，如图 8-9 所示。若将 A 相断开、B 相接通，则定子极性将顺时针转过 45°，转子也将按顺时针方向转动，每次转过 45°空间角度，也就是步距角 θ_s 为 45°。一般来说，步距角 θ_s 的值为

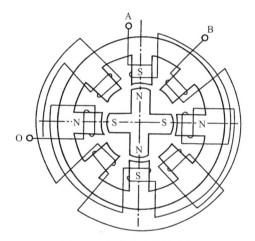

$$\theta_s = \frac{360°}{2mp}$$

式中　m——相数；

p——转子极对数。

图 8-9　永磁式步进电动机

上述这种通电方式为两相单四拍。由以上分析可知，永磁式步进电动机需要电源供给正、负脉冲，否则不能连续运转。一般永磁式步进电动机的驱动电路要做成双极性驱动，这会使电源的线路复杂化。这个问题也可以这样来解决，就是在同一个极上绕两套绕向相反的绕组，这样虽增加了用铜量和电动机的尺寸，但简化了对电源的要求，即电源只要供给正脉冲就可以了。

此外，还有两相双四拍通电方式［即 AB→B（−A）→（−A）（−B）→（−B）A→AB］和八拍通电方式。

永磁式步进电动机的步距角大，启动和运行频率低。但是它消耗的功率比反应式步进电动机小，在断电情况下有定位转矩，有较强的内阻尼力矩。

星形磁极的加工工艺比较复杂，如采用图 8-10 所示的爪形磁极结构，将磁钢做成环形，

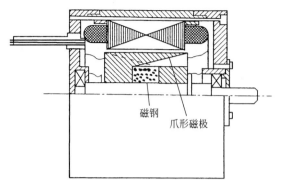

图 8-10　爪极式永磁步进电动机

则可简化加工工艺。这种爪极式永磁步进电动机的磁钢为轴向充磁，磁钢两端的两个爪形磁极分别为 S 和 N 极性。由于两个爪形磁极是对插在一起的，从转子表面看，沿圆周方向各个极爪是 N、S 极性交错分布的，极爪的极对数与定子每相绕组的极对数相等。爪极式永磁步进电动机的运行原理与星形磁钢结构的相同。

永磁式步进电动机具有以下特点：

① 大步距角，例如 15°、22.5°、30°、45°、90°等；

② 启动频率较低，通常为几十到几百赫兹（但是转速不一定低）；

③ 控制功率小；

④ 在断电情况下有定位转矩；

⑤ 有较强的内阻尼力矩。

8.2.3　混合式步进电动机

混合式步进电动机（又称感应子式步进电动机）既有反应式步进电动机小步距角的特点，又有永磁式步进电动机效率高、绕组电感比较小的特点。

（1）两相混合式步进电动机的结构

图 8-11 为混合式步进电动机的轴向剖视图。它的定子铁芯与单段反应式步进电动机基本相同，即沿着圆周有若干凸出的磁极，每个磁极的极面上有小齿，机身上有控制绕组；定子控制绕组与永磁式步进电动机基本相同，也是两相集中绕组，每相为两对极，控制绕组的接线如图 8-12 所示。

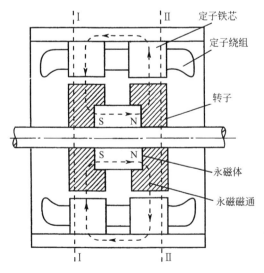

图 8-11　混合式步进电动机的轴向剖视图

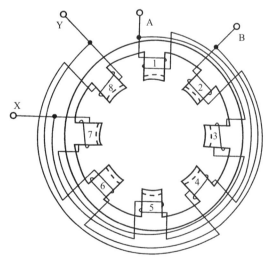

图 8-12　混合式步进电动机绕组接线图

转子中间为轴向磁化的环形永久磁铁，磁铁两端各套有一段转子铁芯，转子铁芯由整块钢加工或用硅钢片叠成，两段转子铁芯上沿外圆周开有小齿，其齿距与定子小齿齿距相同，两端的转子铁芯上的小齿彼此错过 1/2 齿距，如图 8-13 所示。定、转子齿数的配合与单段反应式步进电动机相同。

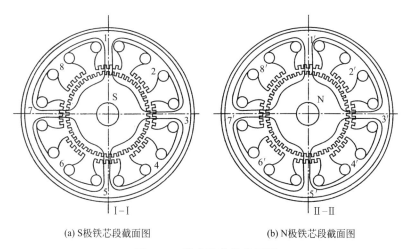

(a) S 极铁芯段截面图　　　　　　(b) N 极铁芯段截面图

图 8-13　铁芯段的横截面图

图 8-13（a）所示的 S 极铁芯段截面图即为图 8-11 中的Ⅰ—Ⅰ截面；图 8-13（b）所示的 N 极铁芯段截面图即为图 8-11 中的Ⅱ—Ⅱ截面。在图 8-13（a）所示的 S 极铁芯段截面图中，当磁极 1 下是齿对齿时，磁极 5 下也是齿对齿，气隙磁阻最小；磁极 3 和磁极 7 下是齿对槽，气隙磁阻最大。

此时，在图 8-13（b）所示的 N 极铁芯段截面图中，磁极 $1'$ 和磁极 $5'$ 下，正好是齿对槽，磁极 $3'$ 和磁极 $7'$ 下，正好是齿对齿。可见，两端的转子铁芯上的小齿彼此错过 1/2 齿距。

混合式步进电动机作用在气隙上的磁动势有两个：一个是由永久磁钢产生的磁动势，另一个是由控制绕组电流产生的磁动势。这两个磁动势有时是相加的，有时是相减的，视控制绕组中的电流方向而定。这种步进电动机的特点是混入了永久磁钢的磁动势，故称为混合式步进电动机。

（2）两相混合式步进电动机的工作原理

转子永久磁铁的一端（如图 8-11 中Ⅰ—Ⅰ端）为 S 极，则转子铁芯整个圆周上都呈 S 极性，如图 8-13（a）所示。转子永久磁铁的另一端（如图 8-11 中Ⅱ—Ⅱ端）为 N 极，则转子铁芯整个圆周上都呈 N 极性，如图 8-13（b）所示。当定子 A 相通电时，定子 1、3、5、7 极上的极性为 N、S、N、S，这时转子的稳定平衡位置就是图 8-13 所示的位置，即定子磁极 1 和 5 上的齿与Ⅰ—Ⅰ端上的转子齿对齐，而定子磁极 $1'$ 和 $5'$ 上的齿与Ⅱ—Ⅱ端上的转子槽对齐；定子磁极 3 和 7 上的齿与Ⅰ—Ⅰ端上的转子槽对齐，而定子磁极 $3'$ 和 $7'$ 上的齿与Ⅱ—Ⅱ端上的转子齿对齐。此时，B 相 4 个磁极（2、4、6、8 极）上的齿与转子齿都错开 1/4 齿距。

由于定子同一个极的两端极性相同，转子两端极性相反，但错开半个齿距，所以当转子偏离平衡位置时，两端作用转矩的方向是一致的。在同一端，定子第一个极与第三个极的极性相反，转子同一端极性相同，但第一和第三极下定、转子小齿的相对位置错开了半个齿距，所以作用转矩的方向也是一致的。当定子各相绕组按顺序通以正、负电脉冲时，转子每

次将转过一个步距角 θ_s，其值为

$$\theta_s = \frac{360°}{2mZ_r}$$

式中　m——相数；

　　　Z_r——转子齿数。

这种步进电动机也可以做成较小的步距角，因而也有较高的启动和运行频率；消耗的功率也较小；并具有定位转矩，兼有反应式和永磁式步进电动机两者的优点。但是它需要有正、负电脉冲供电，并且制造工艺比较复杂。

（3）两相混合式步进电机常用的通电方式

① 单四拍通电方式。每次只有一相控制绕组通电，四拍构成一个循环，两相控制绕组按 A→B→（－A）→（－B）→A 的次序轮流通电。每拍转子转动 1/4 转子齿距，每转的步数为 $4Z_r$。

② 双四拍通电方式。每次有两相控制绕组同时通电，四拍构成一个循环，两相控制绕组按 AB→B（－A）→（－A）（－B）→（－B）A→AB 的次序轮流通电。和单四拍相同，每拍转子转动 1/4 转子齿距，每转的步数为 $4Z_r$，但两者的空间定位不重合。

③ 单、双八拍通电方式。前面两种通电方式的循环拍数都等于四，称为满步通电方式。若通电循环拍数为八，称为半步通电方式，即按 A→AB→B→B（－A）→（－A）→（－A）（－B）→（－B）→（－B）A→A 的次序轮流通电，每拍转子转动 1/8 转子齿距，每转的步数为 $8Z_r$。

④ 细分通电方式。若调整两相绕组中电流分配的比例和方向，使相应的合成转矩在空间可处于任意位置上，则循环拍数可为任意值，称为细分通电方式。实质上就是把步距角减小，如前面八拍通电方式已经将单四拍或双四拍细分了一半。采用细分通电方式可使步进电动机的运行更平稳，定位分辨率更高，负载能力也有所增加，并且步进电动机可作低速同步运行。

8.3　反应式步进电动机的特性

反应式步进电动机有静止、单步运行和连续运行三种运行状态，下面简单介绍不同状态下的运行特性。

8.3.1　反应式步进电动机的静态运行特性

当控制脉冲不断送入，各相绕组按照一定顺序轮流通电时，步进电动机转子就一步步地转动。当控制脉冲停止时，如果某些相绕组仍通以恒定不变的电流，则转子将固定于某一位置上保持不动，处于静止状态（简称静态）或静止运行状态。在空载情况下，转子的平衡位置称为初始平衡位置。静态时的反应转矩称为静转矩，在理想空载时静转矩为零。当有扰动作用时，转子偏离初始平衡位置，偏离的电角度 θ 称为失调角。静态运行特性是指步进电动机的静转矩 T 与转子失调角 θ 之间的关系 $T = f(\theta)$，简称矩角特性。

在实际工作时，步进电动机总处于动态情况下运行，但是静态运行特性是分析步进电动

机运行性能的基础。

多相步进电动机的定子控制绕组可以是一相通电，也可以是几相同时通电，下面分别进行讨论。

（1）单相通电时

反应式步进电动机转子转过一个齿距，从磁路情况来看，变化了一个周期。因此，转子一个齿距所对应的电角度为 2π 电弧度或 $360°$ 电角度。因为转子的齿数为 Z_r，所以转子外圆所对应的电角度为 $2\pi Z_r$ 电弧度或 $360°×Z_r$ 电角度。由于转子外圆的机械角度是 2π 弧度或 $360°$，所以步进电动机的电角度是机械角度的 Z_r 倍。如果步进电动机的步距角为 θ_s，则用电角度表示的步距角 θ_{se} 为

$$\theta_{se}=Z_r\theta_s$$

设静转矩和失调角从右向左为正。当失调角 $\theta=0$ 时，定、转子齿的轴线重合，静转矩 $T=0$，如图 8-14（a）所示；当失调角 $\theta>0$ 时，切向磁拉力使转子向右移动，静转矩 $T<0$，如图 8-14（b）所示；当失调角 $\theta<0$ 时，切向磁拉力使转子向左移动，静转矩 $T>0$，如图 8-14（c）所示；当失调角 $\theta=\pi$ 时，定子齿与转子槽正好相对，转子齿受到定子相邻两个齿磁拉力作用，但是大小相等、方向相反，产生的静转矩为零，即 $T=0$，如图 8-14（d）所示。

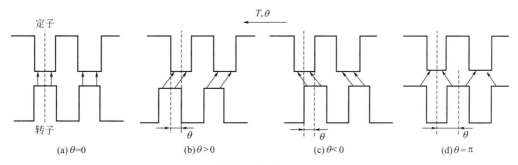

图 8-14　静转矩与转子位置的关系

通过以上讨论可见，静转矩 T 随失调角 θ 作周期性变化，变化周期是一个齿距，即 $360°$ 电角度。步进电动机矩角特性 $T=f(\theta)$ 的形状比较复杂，它与气隙、定转子齿的形状及磁路的饱和程度有关。实践证明，反应式步进电动机的矩角特性接近正弦曲线，如图 8-15 所示。其表达式为

$$T=-K_I I^2\sin\theta=-T_{max}\sin\theta$$

式中，K_I 为转矩常数；I 为绕组电流；θ 为失调角；"－"号表示磁阻转矩的性质是阻止失调角增加的；$T_{max}=K_I I^2$ 是 $\theta=\dfrac{\pi}{2}$ 时，产生的最大静态转矩，它与磁路结构、绕组匝数和通入的电流大小等因素有关。

下面进一步说明矩角特性的性质。由图 8-15可知，在矩角特性上，$\theta=0$ 是理想的稳定平衡位置。因为此时若有外力矩干扰使转子偏离它的平衡位置，只要偏离的角度在 $-\pi\sim+\pi$ 之间，一旦干扰消失，电动机的转子在静

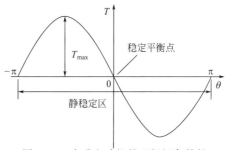

图 8-15　步进电动机的理想矩角特性

转矩的作用下，将自动恢复到 $\theta = 0$ 的位置，从而消除失调角。当 $\theta = \pm\pi$ 时，虽然此时也等于零，但是如果有外力矩的干扰使转子偏离该位置，当干扰消失时，转子回不到原来的位置，而是在静转矩的作用下，转子将稳定到 $\theta = 0$ 或 2π 的位置上，所以 $\theta = \pm\pi$ 为不平衡位置。$-\pi < \theta < +\pi$（相当于 $\pm 1/2$ 齿距）的区域称为静稳定区，在这一区域内，当转子转轴上的负载转矩与静转矩相平衡时，转子能稳定在某一位置；当负载转矩消失后，转子又能回到初始稳定平衡位置。

步进电动机矩角特性曲线上的静态转矩最大值表示步进电动机承受负载的能力，它与步进电动机很多特性的优劣有直接关系。因此静态转矩最大值是步进电动机最主要的性能指标之一。

由图 8-15 可以看出，当失调角 $\theta = \pm\dfrac{\pi}{2}$ 时，静转矩（绝对值）最大。矩角特性上静转矩（绝对值）的最大值称为最大静转矩。在一定通电状态下，最大静转矩与控制绕组中电流的关系称为最大静转矩特性，即 $T_{\max} = f(I)$，如图 8-16 所示。

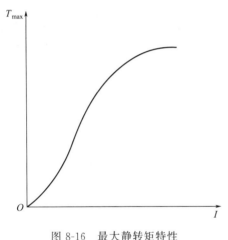

图 8-16   最大静转矩特性

由于铁磁材料的非线性，$T_{\max}$ 与 I 之间也成非线性关系。当控制绕组中电流较小，电动机磁路不饱和时，最大静转矩 $T_{\max}$ 与控制绕组中的电流 I 的平方成正比；当电流较大时，由于磁路饱和的影响，最大转矩的增加变缓。

（2）多相通电时

在分析步进电动机的矩角特性时，不仅要知道某一相控制绕组通电时的矩角特性，而且要知道整个运行过程中，各相控制绕组通电状态下的矩角特性，即所谓矩角特性簇。

一般来说，多相通电时的矩角特性和最大静态转矩与单相通电时不同，按照叠加原理，多相通电时的矩角特性近似地可以由每相各自通电时的矩角特性叠加起来求得。

以三相步进电动机采用三相单三拍通电方式为例，若将失调角 θ 的坐标轴统一取在 A 相磁极的轴线上，显然 A 相控制绕组通电时矩角特性如图 8-17 中的曲线 A 所示，稳定平衡点为 O_A 点；B 相通电时，转子转过 $1/3$ 齿距，相当于转过 $2\pi/3$ 电角度，它的稳定平衡点为 O_B 点，矩角特性如图 8-17 中的曲线 B 所示；同理，C 相通电时矩角特性如图 8-17 中的曲线 C 所示。这三条曲线就构成了三相单三拍通电方式时的矩角特性簇。总之，矩角特性簇中的每一条曲线依次错开一个用电角度表示的步距角 θ_{se}，其计算式为

$$\theta_{se} = Z_r \theta_s = Z_r \times \frac{2\pi}{N Z_r} = \frac{2\pi}{N}$$

式中，Z_r 为转子的齿数；θ_s 为步进电动机的步距角；N 为步进电动机运行的拍数。

同理，可得到三相单、双六拍通电方式时的矩角特性簇，如图 8-18 所示。

多相通电时步进电动机的矩角特性簇除了可以用波形图表示外，还可以用矢量图来表示。

三相步进电动机单相、两相通电时的矩角特性如图 8-19（a）所示，其转矩矢量图如图

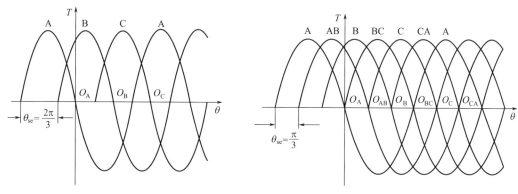

图 8-17　三拍时的矩角特性簇

图 8-18　六拍时的矩角特性簇

8-19（b）所示。可见对于三相步进电动机，两相通电时的最大静转矩值与单相通电时的最大静转矩值相等。也就是说，对于三相步进电动机而言，不能依靠增加通电相数来提高转矩，这是三相步进电动机的一个很大的缺点。但是，多相步进电动机可以提高转矩，下面以五相步进电动机为例进行分析。

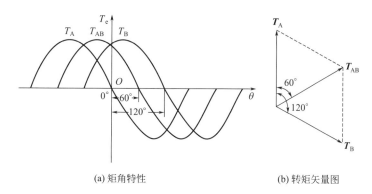

(a) 矩角特性　　　　(b) 转矩矢量图

图 8-19　三相步进电机单相、两相通电时的转矩

　　按照叠加原理，也可以作出五相步进电动机采用单相、两相、三相通电时矩角特性的波形图和矢量图分别如图 8-20（a）和图 8-20（b）所示。

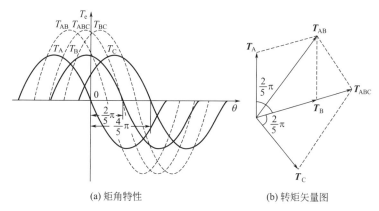

(a) 矩角特性　　　　(b) 转矩矢量图

图 8-20　五相步进电动机单相、两相、三相通电时的转矩

　　由图 8-20 可见，两相和三相通电时，矩角特性相对于 A 相矩角特性分别移动了 $2\pi/10$

电角度（36°）及 $2\pi/5$ 电角度（72°），二者的最大静转矩值相等，而且都比一相通电时大。因此，五相步进电动机采用两相-三相运行方式不但转矩加大，而且矩角特性形状相同，这对步进电动机运行的稳定性非常有利，在使用时应优先考虑这样的运行方式。

8.3.2　反应式步进电动机的动态特性

动态特性是指步进电动机在运行过程中的特性。它直接影响系统工作的可靠性和系统的快速反应。

（1）单步运行状态

单步运行状态是指步进电动机在单相或多相通电状态下，仅改变一次通电状态的运行方式，或输入脉冲频率非常低，以至加第二个脉冲前，前一步已经走完，转子运行已经停止的运行状态。

① 动稳定区和稳定裕度。动稳定区是指步进电动机从一种通电状态切换到另一种通电状态时，不会引起失步的区域。

设步进电动机初始状态时的矩角特性如图 8-21 中曲线"0"所示。若电动机空载，则转子处于稳定平衡点 O_0 处。输入一个脉冲，使其控制绕组通电状态改变，矩角特性向前跃移一个步距角 θ_{se}（θ_{se} 为用电角度表示的步距角），矩角特性变为曲线"1"，转子稳定平衡点也由 O_0 变为 O_1。在改变通电状态时，只有当转子起始位置位于 ab 之间才能使它向 O_1 点运动，达到该稳定平衡位置。因此，把区间 ab 称为步进电动机空载时的动稳定区，用失调角表示应为 $(-\pi+\theta_{se})<\theta<(\pi+\theta_{se})$。显然，步距角越小，动稳定区越接近静稳定区。

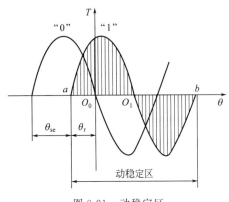

图 8-21　动稳定区

动稳定区的边界 a 点到初始稳定平衡位置 O_0 点的区域 θ_r 称为裕量角（又称稳定裕度）。裕量角 θ_r 越大，步进电动机运行越稳定。它的值趋于零，步进电动机就不能稳定工作，也就没有带负载的能力。裕量角 θ_r 用电角度表示为

$$\theta_r = \pi - \theta_{se} = \pi - \theta_s Z_r = \pi - \frac{2\pi}{mZ_rC}Z_r = \frac{\pi}{mC}(mC-2)$$

式中　θ_{se}——用电角度表示的步距角。

通电状态系数 $C=1$ 时，正常结构的反应式步进电动机的相数 m 最少必须为 3。由上式可知，步进电动机的相数越多，步距角就越小，相应的裕量角（稳定裕度）越大，运行的稳定性也越好。

② 最大负载能力（启动转矩）。步进电动机在步进运行时所能带动的最大负载可由相邻两条矩角特性交点所对应的电磁转矩 T_{st} 来确定。

设步进电动机带恒定负载，由图 8-22 可以看出，当负载转矩为 T_{L1}，且 $T_{L1}<T_{st}$ 时。若 A 相控制绕组通电，则转子的稳定平衡位置为图 8-22（a）中曲线 A 上的 O'_A 点，这一点

的电磁转矩正好与负载转矩相平衡。当输入一个控制脉冲信号，通电状态由 A 相改变为 B 相时，在改变通电状态的瞬间，矩角特性跃变为曲线 B。对应于角度 θ_a 的电磁转矩 T'_a 大于负载转矩 T_{L1}，电动机在该转矩的作用下，沿曲线 B 向前转过一个步距角，到达新的稳定平衡点 O'_B。这样每切换一次脉冲，转子便转过一个步距角。

但是如果负载转矩增大为 T_{L2}，且 $T_{L2} > T_{st}$，如图 8-22（b）所示，则初始平衡位置为 O''_A 点。但在改变通电状态的瞬间，矩角特性跃变为曲线 B，对应于角度 θ_a 的电磁转矩 T''_a 小于负载转矩 T_{L2}。由于 $T''_a < T_{L2}$，所以转子不能到达新的稳定平衡位置 O''_B 点，而是向失调角 θ 减小的方向滑动，也就是说电动机不能带动负载作步进运行，这时步进电动机实际上处于失控状态。

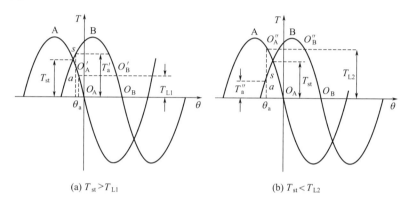

(a) $T_{st} > T_{L1}$　　　　　　　　　　　(b) $T_{st} < T_{L2}$

图 8-22　最大负载转矩的确定

由此可见，只有负载转矩小于相邻两个矩角特性的交点 s 所对应的电磁转矩 T_{st}，才能保证电动机正常的步进运行，因此 T_{st} 乃是步进电动机作单步运行所能带动的极限负载，即负载能力。所以把 T_{st} 称为最大负载能力，也称为启动转矩。当然它比最大静转矩 T_{max} 要小。由图 8-21 可求得启动转矩为

$$T_{st} = T_{max} \sin\left(\frac{\pi - \theta_{se}}{2}\right) = T_{max} \cos\frac{\theta_{se}}{2}$$

将 $\theta_{se} = Z_r\theta_s = \dfrac{2\pi}{N}$ 代入上式可得

$$T_{st} = T_{max} \cos\frac{\pi}{N} = T_{max} \cos\frac{\pi}{mC}$$

由以上分析可知，当 T_{max} 一定时，增加运行拍数 N 可以增大启动转矩 T_{st}。当通电状态系数 C＝1 时，正常结构的反应式步进电动机最少的相数必须是 3。如果增加电动机的相数，通电状态系数较大时，最大负载转矩也随之增大。

此外，矩角特性的波形对电动机带负载的能力也有较大影响。当矩角特性为平顶波时，T_{st} 值接近于 T_{max} 值，电动机带负载能力较大。因此，步进电动机理想的矩角特性是矩形波。

T_{st} 是步进电动机作单步运行时的负载转矩极限值。由于负载可能发生变化，电动机还要具有一定的转速。因而实际应用时，最大负载转矩比 T_{st} 要小，即留有相当余量才能可靠运行。

③ 步进电动机转子振荡现象。前面的分析认为当电动机绕组改变通电状态后，转子单

调地趋向平衡位置。但实际上步进电动机在步进运行状态，即通电脉冲的间隔时间大于其机电过渡过程所需的时间时，由于转子有惯性，它要经过一个振荡过程后才能稳定在平衡位置。这种情况，可通过图 8-23 加以说明。

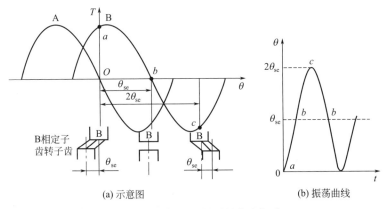

(a) 示意图   (b) 振荡曲线

图 8-23   无阻尼时转子的自由振荡

步进电动机空载，开始时 A 相控制绕组通电，转子处在失调角 $\theta=0$ 的位置。当改变为 B 相控制绕组通电时，B 相定子齿轴线与转子齿轴线错开 θ_{se} 角，矩角特性向前移动了一个步距角 θ_{se}，在磁阻转矩的作用下，转子将由 a 点加速趋向新的初始平衡位置 $\theta=\theta_{se}$ 的 b 点（即 B 相定子齿轴线与转子齿轴线重合的位置）作步进运动，到达 b 点时，磁阻转矩为零，但速度并不为零。由于惯性的作用，转子将越过新的平衡位置 b 点，继续转动，当 $\theta>\theta_{se}$ 时，磁阻转矩变为负值，即反方向作用在转子上，因而电动机开始减速。随着失调角 θ 的增大，反向转矩也随之增大，步进电动机减速得越快，若不考虑电动机的阻尼作用，则转子将一直转到 $\theta=2\theta_{se}$ 的位置，转子转速减为零。之后电动机在反向转矩的作用下，转子向反方向转动，又越过平衡位置 b 点，直至 $\theta=0$。这样，转子就以 b 点为中心，在 $0\sim2\theta_{se}$ 的区域内来回作不衰减的振荡，称为无阻尼的自由振荡，如图 8-23（b）所示。其振荡幅值为步距角 θ_{se}，若振荡角频率用 ω'_0 表示，相应的振荡频率 f'_0 和周期 T'_0 为

$$f'_0=\frac{\omega'_0}{2\pi}$$

$$T'_0=\frac{1}{f'_0}=\frac{2\pi}{\omega'_0}$$

自由振荡角频率与振荡幅值有关，当拍数很多时，步距角很小，振荡幅值就很小。也就是说，转子在平衡位置附近做微小的振荡，这时振荡的角频率称为固有振荡角频率，用 ω_0 表示。理论上可以证明固有振荡角频率为

$$\omega=\sqrt{T_{max}Z_r/J}$$

式中，J 为转子转动惯量。

实际上，由于轴承的摩擦和风阻等的阻尼作用，转子在平衡位置的振荡过程总是衰减的，如图 8-24 所示。阻尼作用越大，衰减得越快，这也是我们所希望的。

（2）连续运行状态

当步进电动机在输入脉冲频率较高，其周期比转子振荡过渡过程时间还短时，转子作连

续的旋转运动，这种运行状态称为连续运转状态。

① 脉冲频率对步进电动机工作的影响。随着外加脉冲频率的提高，步进电动机进入连续转动状态。在运行过程中具有良好的动态性能是保证控制系统可靠工作的前提。例如，在控制系统的控制下，步进电动机经常作启动、制动、正转、反转等动作，并在各种频率下（对应于各种转速）运行，这就要求电动机的步数与脉冲数严格相等，既不丢步也不越步，而且

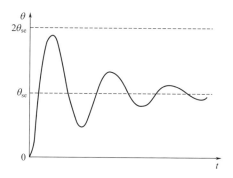

图 8-24　有阻尼时转子的衰减振荡

转子的运动应是平稳的。但这些要求一般无法同时满足，例如由于步进电动机的动态性能不好或使用不当，会造成运行中的丢步，这样，由步进电动机的"步进"所保证的系统精度就失去了意义。

无法保证电动机的转子转动频率、电动机转动步数与脉冲频率严格相等，两者不同步时，称为失步。从对步进电动机的单步运行状态的分析中可知，步进电动机的振荡和失步是一种普遍存在的现象。由于频率对电动机参数的影响，转子的惯性、控制电流的大小和负载的大小不同，同时，控制脉冲的频率往往在很大范围内变化。脉冲频率不同，因此，脉冲持续的时间也不同，步进电动机的振荡和工作情况也变得截然不同。

当控制脉冲频率极低，低到它的脉冲持续时间大于转子衰减振荡的时间。在这种情况下，下一个控制脉冲尚未到来时，转子已经处在某稳定平衡位置。此时，步进电动机的每一步都和单步运行一样，具有明显的步进特征。

当控制脉冲的频率比前一种高，脉冲持续的时间比转子衰减振荡的时间短，当转子还未稳定在平衡位置时，下一个控制脉冲就到来了。若控制脉冲的频率等于或接近步进电动机的振荡频率，电动机就会出现强烈振荡，甚至会出现无论经过多少通电循环，转子始终处在原来的位置不动或来回振荡的情况，此时电动机完全失控，这个现象叫低频共振。可见，在无阻尼低频共振时步进电动机发生了失步现象。一般情况下，一次失步的步数是运行拍数的整数倍。失步严重时，转子停留在某一位置上或围绕某一位置振荡。

当控制脉冲的频率很高时，脉冲间隔的时间很短，电动机转子尚未到达第一次振荡的幅值，甚至还没到达新的稳定平衡位置，下一个脉冲就到来。此时电动机的运行已由步进变成了连续平滑的转动，转速也比较稳定。

当控制脉冲频率达到一定数值之后，频率再升高，步进电动机的负载能力便下降，当频率太高时，也会产生失步，甚至还会产生高频振荡。其主要是受定子绕组电感的影响。绕组电感有延缓电流变化的特性，使电流的波形由低频时的近似矩形波变为高频时的近似三角波，其幅值和平均值都较小，使动态转矩大大下降，负载能力降低。

此外，由于控制脉冲频率升高，步进电动机铁芯中的涡流迅速增加，其热损耗和阻转矩使输出功率和动态转矩下降。

② 运行矩频特性。当控制脉冲的频率达到一定数值后，再增加频率，由于绕组电感作用，绕组中的控制电流平均值下降。因此，步进电动机的最大磁阻转矩下降，运行时的最大允许负载转矩将下降，即步进电动机的负载能力下降。可见动态转矩（即磁阻转矩）是电源脉冲频率的函数，把磁阻转矩与脉冲频率的关系称为转矩-频率特性，简称为运行矩频特性，它是一条随频率增加磁阻转矩下降的曲线，如图 8-25 所示。

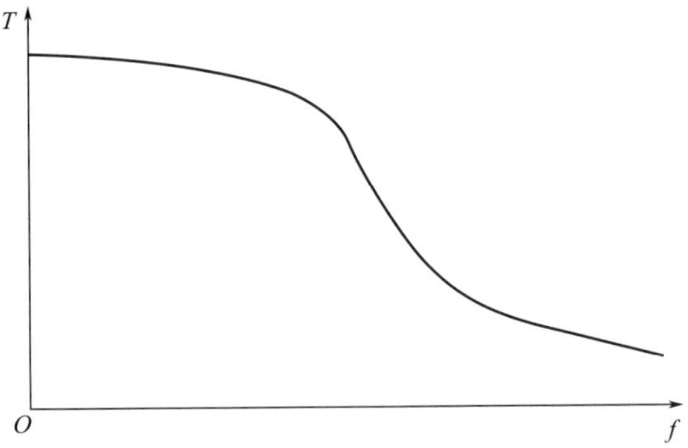

图 8-25   步进电动机的运行矩频特性

矩频特性表明，在一定控制脉冲频率范围内，随频率升高，功率和转速都相应地提高，超出该范围，则随频率升高而使转矩下降，步进电动机带负载的能力也逐渐下降，到某一频率后，就带不动任何负载，而是只要受到一个很小的扰动，就会振荡、失步以至停转。

总之，控制脉冲频率的升高是获得步进电动机连续稳定运行和高效率所必需的条件，然而还必须同时注意到运行矩频特性的基本规律和所带负载的状态。

③ 最高连续运行频率。步进电动机在一定负载转矩下，不失步连续运行的最高频率称为电动机的最高连续运行频率或最高跟踪频率。其值越高电动机转速越高，这是步进电动机的一个重要技术指标。这一参数对某些系统有很重要的意义。例如，在数控机床中，在退刀、对刀及变换加工程序时，要求刀架能迅速移动以提高加工效率，这一工作速度可由最高连续运行频率指标来保证。

最高连续运行频率不仅随负载转矩的增加而下降，而且更主要的是受绕组时间常数的影响。在负载转矩一定时，为了提高最高连续运行频率，通常采用的方法是：第一，在绕组中串入电阻，并相应提高电源电压，这样可以减小电路的时间常数，使绕组的电流迅速上升；第二，采用高、低压驱动电路，提高脉冲起始部分的电压，改善电流波形前沿，使绕组中的电流快速上升。此外，转动惯量对连续运行频率也有一定的影响。随着转动惯量的增加，会引起机械阻尼作用的加强，摩擦力矩也可能会相应增大，转子就跟不上磁场变化的速度，最后因超出动稳定区而失步或产生振荡，从而限制最高连续运行的频率。

④ 启动矩频特性。在一定负载转矩下，电动机不失步地正常启动所能加的最高控制脉冲的频率，称为启动频率（也称突跳频率）。它的大小与电动机本身的参数、负载转矩、转动惯量及电源条件等因素有关，它是衡量步进电动机快速性的重要技术指标。

步进电动机在启动时，转子要从静止状态开始加速，电动机的磁阻转矩除了克服负载转矩之外，还要克服轴上的惯性转矩 $J \dfrac{\mathrm{d}\Omega}{\mathrm{d}t}$。所以启动时电动机的负担比连续运转时要大。当启动时脉冲频率过高，转子的运动速度跟不上定子磁场的变化，转子就要落后稳定平衡位置一个角度。当落后的角度使转子的位置在动稳定区之外时，步进电动机就要失步或振荡，电动机便无法启动。为此，对启动频率就要有一定的限制。电动机一旦启动后，如果再逐渐升高脉冲频率，由于这时转子的角加速度 $\dfrac{\mathrm{d}\Omega}{\mathrm{d}t}$ 较小，惯性转矩不大，因此电动机仍能升速。显然，连续运行频率要比启动频率高。

当电动机带着一定的负载转矩启动时，作用在电动机转子上的加速转矩为磁阻转矩与负载转矩之差。负载转矩越大，加速转矩就越小，电动机就越不容易启动，其启动的脉冲频率就应该越低。在给定驱动电源的条件下，负载转动惯量 J 一定时，启动频率 f_{st} 与负载转矩 T_L 的关系 $f_{st} = f(T_L)$，称为启动矩频特性，如图 8-26 所示。可以看出，随着负载转矩的增加，其启动频率是下降的。所以启动矩频特性是一条呈下降的曲线。

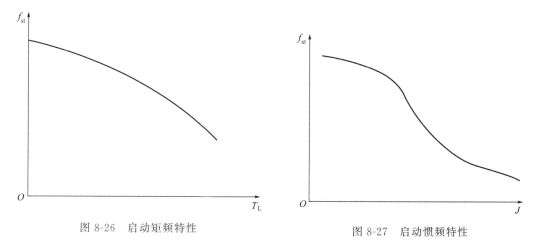

图 8-26 启动矩频特性　　　　　　图 8-27 启动惯频特性

⑤ 启动惯频特性。在给定驱动电源的条件下，负载转矩不变时，转动惯量越大，转子速度增加得越慢，启动频率也越低。启动频率 f_{st} 和转动惯量 J 之间的关系，即 $f_{st} = f(J)$，称为启动惯频特性，如图 8-27 所示。

随着步进电动机转动部分转动惯量 J 的增大，在一定脉冲周期内转子加速过程将变慢，因而难趋向平衡位置。而要步进电动机启动，也需要较长的脉冲周期使电动机加速，即要求降低脉冲频率。所以随着电动机轴上转动惯量的增加，启动频率也是下降的。

要提高启动频率，可从以下几方面考虑：①增加电动机的相数、运行的拍数和转子的齿数；②增大最大的静转矩；③减小电动机的负载和转动惯量；④减小电路的时间常数；⑤减小步进电动机内部或外部的阻尼转矩等。

8.4 步进电动机的驱动电源

8.4.1 对驱动电源的基本要求

步进电动机的驱动电源与步进电动机是一个相互联系的整体，步进电动机的性能是由电动机和驱动电源共同确定的，因此步进电动机的驱动电源在步进电动机中占有相当重要的位置。

步进电动机的驱动电源应满足下述要求：

① 驱动电源的相数、通电方式、电压和电流都应满足步进电动机的控制要求。

② 驱动电源要满足启动频率和运行频率的要求。

③ 能在较宽的频率范围内实现对步进电动机的控制。

④ 能最大限度地抑制步进电动机的振荡。

⑤ 工作可靠，对工业现场的各种干扰有较强的抑制作用。

⑥ 成本低，效率高，安装和维护方便。

8.4.2　驱动电源的组成

步进电动机驱动电源一般由脉冲信号发生电路、脉冲分配电路和功率放大电路等构成，其原理框图如图 8-28 所示。

图 8-28　步进电动机驱动电源原理框图

（1）脉冲发生器（又称变频信号源）

脉冲发生器可以产生频率从几赫兹到几万赫兹可连续变化的脉冲信号。脉冲信号发生电路的作用是将产生的基准频率信号供给脉冲分配电路。脉冲信号发生器可以采用多种线路来设计，一般采用以下两种：多谐振荡器和单结晶体管构成的弛张振荡器。它们都是通过调节电阻 R 和电容 C 的大小来改变电容充放电的时间常数，以达到改变脉冲信号频率的目的。

（2）脉冲分配器

脉冲分配器（也称环形分配器）是一个数字逻辑单元，它接收一个单相的脉冲信号，根据运行指令把脉冲信号按一定的逻辑关系分配到每一相脉冲放大器上，使步进电动机按选定的运行方式工作，实现正、反转控制和定位。脉冲分配器可以由双稳态触发器和门电路组成，也可由可编程逻辑器件组成。由于脉冲分配器输出的电流只有几毫安，所以必须进行功率放大，由功率放大器来驱动步进电动机。

（3）功率放大器（驱动器）

脉冲功率放大器的作用是进行脉冲功率的放大。因为从脉冲分配器输出的电流很小，一般是毫安级，而步进电动机工作时需要的电流较大，一般从几安到几十安，所以需要进行功率放大。功率放大器的种类很多，分类方法也很多。不同类型的功率放大器对步进电动机性能的影响也各不相同。通常根据对步进电动机运行性能的要求选择合适的功率放大器。脉冲功率放大器一般是步进电动机每相绕组对应一个单元电路。

8.4.3　驱动电源的分类

步进电动机的驱动电源有多种形式，相应的分类方法也很多。

按配套的步进电动机容量大小来分，有功率步进电动机驱动电源和伺服步进电动机驱动电源两类。

按电源输出脉冲的极性来分，有单向脉冲和正、负双极性脉冲电源两种，后者是作为永磁式步进电动机或感应子式永磁步进电动机的驱动电源。

按供出电脉冲的功率元件来分，有晶体管驱动电源、高频晶闸管驱动电源和可关断晶闸管驱动电源等。

　　按脉冲供电方式来分，有单电压型电源，高、低压切换型电源，电流控制的高、低压切换型电源和细分电路电源等。

8.4.4　单电压型驱动电源

　　单电压型驱动电源（又称单一电压型驱动电源）是最简单的驱动电源，图 8-29 所示为一相控制绕组驱动电路的原理图。当有脉冲信号输入时，功率管 VT 导通，步进电动机的控制绕组中有电流流过；否则，功率管 VT 关断，控制绕组中没有电流流过。

　　由于步进电动机控制绕组电抗的作用，步进电动机的动态转矩减小，动态特性变坏。如要提高动态转矩，就应减小电流上升的时间常数 τ_a，使电流前沿变陡，这样电流波形可接近矩形。在图 8-29 中串入电阻 R_{f1}，可使 τ_a 下降，但为了达到同样的稳态电流值，电源电压也要作相应的提高。这样可增大动态转矩，提高启动和连续运行频率，并使启动和运行矩频特性下降缓慢。

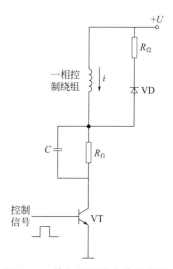

图 8-29　单电压驱动电路原理图

　　电阻 R_{f1} 两端并联电容器 C 的作用是改善注入步进电动机绕组中电流脉冲的前沿。在 VT 导通的瞬间，由于电容器上的电压不能跃变，电容器 C 相当于将电阻 R_{f1} 短接，电源电压可全部加在控制绕组上，使电动机控制绕组中的电流迅速上升，这样就使得电流波形的前沿明显变陡，改善波形。但是，如果电容器 C 选择不当，在低频段会使振荡有所增加，导致低频性能变差。

　　由于功率管 VT 由导通突然变为关断状态时，在控制绕组中会产生很高的电动势，其极性与电源极性一致，二者叠加起来作用到功率管 VT 上，很容易使其击穿。为此，并联一个二极管 VD 和电阻 R_{f2}，形成放电回路，限制功率管 VT 上的电压，构成了对功率管 VT 的保护。

　　单电压型电源只用一种电压，线路简单，功放元件少，成本低。但它的缺点是电阻 R_{f1} 上要消耗功率，引起发热并导致效率降低，所以这种电源只适用于驱动小功率步进电动机或性能指标要求不高的场合。

8.4.5　高、低压切换型驱动电源

　　高、低压切换型驱动电路原理如图 8-30 所示。步进电动机的每一相控制绕组需要有两个功率元件串联，它们分别由高压和低压两种不同的电源供电。高压供电是用来加速电流的上升速度，改善电流波形的前沿的，而低压是用来维持稳定的电流值的。电路中串联一个数值较小的电阻 R_{f1}，其目的是调节控制绕组的电流值，使各相电流平衡。

　　当输入控制脉冲信号时，功率管 VT_1、VT_2 导通，低压电源由于二极管 VD_1 承受反向电压处于截止状态不起作用，高压电源加在控制绕组上，电动机绕组中的电流迅速上升，使

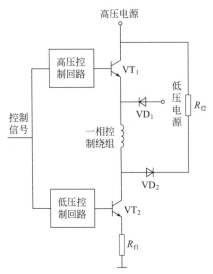

图 8-30　高、低压切换型驱动电路原理图

电流波形的前沿很陡。当电流上升到额定值或比额定值稍高时，利用定时电路或电流检测电路，使 VT_1 关断，VT_2 仍然导通，二极管 VD_1 也由截止变为导通，电动机绕组由低压电源供电，维持其额定稳态电流。当输入信号为零时，VT_2 截止，电动机绕组中的电流通过二极管 VD_2 的续流作用向高压电源放电，绕组中的电流迅速减小。

这种驱动方式的特点是电源功耗比较小，效率比较高。由于电流的波形得到了很大的改善，所以电动机的矩频特性好，启动和运行频率得到了很大的提高。它的主要缺点是在低频运行时输入能量过大，造成电动机低频振荡加重；同时也增大了电源的容量，由于电源电压的提高，也提高了对功率管性能参数的要求。这种驱动方式常用于大功率步进电动机的驱动。

以上两种电源均属于开环类型。

8.4.6　电流控制的高、低压切换型驱动电源

电流控制的高、低压切换型驱动电路（又称定电流斩波驱动电路）的原理图，如图8-31所示。带有连续电流检测的高、低压驱动电源是在高、低压切换型电源的基础上，多加了一个电流检测控制线路，使高压部分的电流断续加入，以补偿因控制绕组的旋转电动势和相间互感等原因所引起的电流波峰下凹造成的转矩下降。它根据主回路电流的变化情况，反复地接通和关断高压电源，使电流波峰维持在需求的范围内。

当有控制脉冲信号输入时，功率管 VT_1、VT_2 导通，控制绕组中的电流在高压电源作用下迅速上升。当电流上升到 I_1 时，利用电流检测信号使功率管 VT_1 关断，高压电源被切除，低压电源对绕组供电。若由于某种原因使电流下降到 I_2 时，利用电流检测信号使 VT_1 导通，控制绕组中的电流再次上升。这样反复进行，就可使控制绕组中的电流维持在要求值的附近，使步进电动机的运行性能得到了显著的提高，相应地使启动和运行频率升高。

这种驱动电路不仅具有高、低压切换型驱动电路的优点，而且由于电流的波形得到了补偿，步进电动机的运行性能得到了显著提高。但因在线路中增加了电流反馈环节，使其结构较为复杂，成本提高。它属于闭环类型。

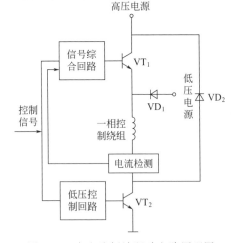

图 8-31　定电流斩波驱动电路原理图

8.4.7　细分电路电源

　　一般步进电动机受制造工艺的限制，它的步距角是有限的。而实际中的某些系统往往要求步进电动机的步距角必须很小，才能完成加工工艺的要求。如数控机床为了提高加工精度，要求脉冲当量为 0.01mm/脉冲左右，甚至要求达到 0.001mm/脉冲左右。这时单从步进电动机本身来解决是有限度的，于是设法从驱动电源上来解决。为此，常采用细分电路电源。

　　细分电路电源是使步进电动机的步距角减小，从而使步进运动变成近似的匀速运动的一种驱动电源。这样，步进电动机就能像伺服电动机一样平滑运转。所谓细分驱动方式，就是把原来的一步再细分成若干步，使步进电动机的转动近似为匀速运动，并能在任何位置停步。为达到这一目的，可设法将原来供电的矩形脉冲电流改为阶梯波形电流，如图 8-32 所示。这样，在输入电流的每个阶梯，步进电动机转动一步，步距角减小了许多，从而提高了步进电动机运行的平滑性，改善了低频特性，负载能力也有所增加。

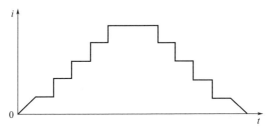

图 8-32　阶梯电流波形

　　从图 8-32 中可以看到，供给步进电动机的电流是由零经过五个均匀宽度和幅度的阶梯上升到稳定值。下降时，又是经过同样的阶梯从稳定值降至零。这可以使步进电动机内形成一个基本上连续的旋转磁场，使步进电动机基本上接近于平滑运转。

　　细分电路电源是先通过顺序脉冲形成器将各顺序脉冲依次放大，将这些脉冲电流在步进电动机的控制绕组中进行叠加而形成阶梯波形电流。顺序脉冲形成器通常可以用移位形式的环形脉冲分配器来实现。

　　实现阶梯波形电流通常有两种方法。

　　（1）先放大后合成

　　先放大后合成的原理图如图 8-33（a）所示，首先将顺序脉冲形成器所形成的各个等幅等宽的脉冲，用几个完全相同的开关放大器分别进行功率放大，然后在电动机的控制绕组中将这些脉冲电流进行叠加，形成阶梯波形电流。这种方法使用的功放元件数量较多，但每个元件的容量较小，且结构简单，容易调整。它适用于中、大功率步进电动机的驱动。

　　（2）先合成后放大

　　先合成后放大的原理图如图 8-33（b）所示，把顺序脉冲形成器所形成的等幅等宽的脉冲，先合成为阶梯波，然后对阶梯波进行放大。这种方法使用的功率元件数量较少，但每个元件的容量较大。它适用于小功率步进电动机的驱动。

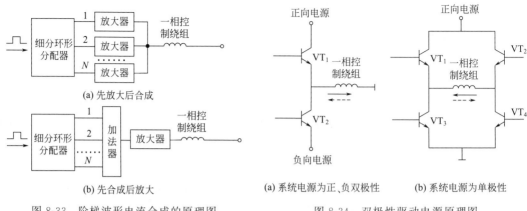

图 8-33　阶梯波形电流合成的原理图　　　　图 8-34　双极性驱动电源原理图

8.4.8　双极性驱动电源

上述各种驱动电路只能使控制绕组中的电流向一个方向流动，适用于反应式步进电动机。而对于永磁式或混合式步进电动机，工作时要求定子磁极的极性交变，即要求控制绕组中的电流能正、反双方向流动。因此，通常要求其绕组由双极性驱动电路驱动，这样可以提高控制绕组利用率，增大低速时的转矩。

如果系统能提供合适的正负功率电源，则双极性驱动电路将相当简单，如图 8-34（a）所示。当 VT_1 导通、VT_2 截止时，能向控制绕组提供正向电流；当 VT_2 导通、VT_1 截止时，就能向控制绕组提供反向电流。然而大多数系统只有单极性的功率电源，这时就要采用全桥式驱动电路。

全桥式驱动电路（又称 H 桥驱动电路）是一种常用的双极性驱动电路，其电路原理如图 8-34（b）所示。四个开关管 $VT_1 \sim VT_4$ 组成 H 桥的四臂，对角线上的两个开关管 VT_1 和 VT_4、VT_2 和 VT_3 分别为一组，控制电流正向或反向流动。若 VT_2、VT_3 导通提供正向电流，则 VT_1、VT_4 导通提供反向电流。可见电流在控制绕组中可以双向流动。

由于双极性驱动电路较为复杂，过去仅用于大功率步进电动机。但近年来出现了集成化的双极性驱动芯片，使它能方便地应用于对效率和体积要求较高的产品中。

8.5　步进电动机的控制

8.5.1　步进电动机的控制原理

步进电动机是一种机电一体化产品，步进电动机本体与其驱动控制器构成一个不可分割的有机整体。步进电动机的运行性能很大程度上取决于所使用的驱动控制器的类型和参数。

由于步进电动机能直接接收数字量信号，所以被广泛应用于数字控制系统中。步进电动机较简单的控制电路可以通过各种逻辑电路来实现，如由门电路和触发器等组成脉冲分配器，这种控制方法采用硬件的方式。而且一旦成形，很难改变控制方案。要改变系统的控制功能，一般都要重新设计硬件电路，灵活性较差。以微型计算机为核心的计算机控制系统为步进电动机的控制开辟了新的途径，利用计算机的软件或软、硬件相结合的方法，大大增强了系统的功能，同时也提高了系统的灵活性和可靠性。

以步进电动机作为执行元件的数字控制系统，有开环和闭环两种形式。

（1）开环控制系统

步进电动机系统的主要特点是能实现精确位移、精确定位，且无积累误差。这是因为步进电动机的运动受输入脉冲控制，其位移量是断续的，总的位移量严格等于输入的指令脉冲数或其平均转速严格正比于输入指令脉冲的频率；若能准确控制输入指令脉冲的数量或频率，就能够完成精确的位置或速度控制，不需要系统的反馈，形成所谓的开环控制系统。

步进电动机的开环控制系统，由控制器（包括变频信号源）、脉冲分配器（环形分配器）、驱动电路（功率放大器）及步进电动机等部分组成，如图8-35所示。

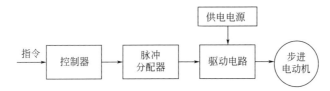

图 8-35　步进电动机开环控制系统原理框图

脉冲发生器产生频率从几赫兹到几万赫兹连续变化的脉冲信号，脉冲分配器根据指令把脉冲按一定的逻辑关系加到各相绕组的功率放大器上，使步进电动机按一定的方式运行，实现正、反转控制和定位。由于脉冲分配器输出的电流只有几毫安，所以必须进行功率放大，由功率放大器来驱动步进电动机。

开环控制系统的精度，主要取决于步距角的精度和负载状况。由于开环控制系统不需要反馈元件，结构比较简单、工作可靠、成本低，因而在数字控制系统中得到了广泛的应用。

（2）闭环控制系统

在开环控制系统中，电动机响应控制指令后的实际运行情况，控制系统是无法预测和监视的。在某些运行速度范围宽、负载大小变化频繁的场合，步进电动机很容易失步，使整个系统趋于失控。另外，对于高精度的控制系统，采用开环控制往往满足不了精度的要求。因此，必须在控制回路中增加反馈环节，构成闭环控制系统，如图8-36所示，与开环系统相比多了一个由位置传感器组成的反馈环节。将位置传感器测出的负载实际位置与位置指令值相比较，用比较误差信号进行控制，不仅可防止失步，还能够消除位置误差，提高系统的精度。

闭环控制系统的精度与步进电动机有关，但主要取决于位置传感器的精度。在数字位置随动系统中，为了提高系统的工作速度和稳定性，还有速度反馈内环。

理论上说，闭环控制比开环控制可靠，但是，步进电动机的闭环控制系统价格较高，还容易引起持续的机械振荡。如果要获得优良的动态性能，可以选用其他直流或交流伺服系统。

图8-37所示为步进电动机微机控制系

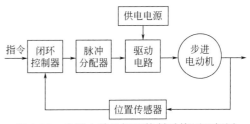

图 8-36　步进电动机闭环控制系统原理框图

统。在基于微型计算机的步进电动机驱动控制系统中，脉冲发生和脉冲分配功能可由微型计算机配合相应的软件来实现，电动机的转向、转速也都通过微型计算机控制。采用计算机控制不仅可以用很低的成本实现复杂的控制过程，而且计算机控制系统具有很高的灵活性，便于控制功能的升级和扩充。

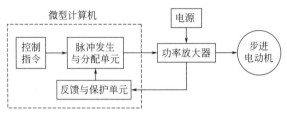

图 8-37　步进电动机微机控制系统

8.5.2　步进电动机的加减速与定位控制

　　步进电动机常常采用加减速定位控制方式。因为步进电动机的启动频率要比连续运行频率小，所以只有脉冲指令频率小于电动机的最大启动频率，电动机才能成功启动。因此，步进电动机驱动执行机构从一个位置向另一个位置移动时，要经历升速、恒速和减速过程。如果启动时一次将速度升到给定速度，启动频率可能超过极限启动频率，造成步进电动机失步。

　　若电动机的工作频率总是低于最高启动频率，当然不会失步，但没有充分发挥电动机的潜力，工作速度太低，影响了执行机构的工作效率。为此，步进电动机常用加减速定位控制。即电动机开始以低于最高启动频率的某一频率启动，然后再逐步提高频率，使电动机逐步加速，到达最高运行频率，电动机高速转动。在到达终点前，降频使电动机减速。这样就可以既快又稳地准确定位，如图 8-38 所示。如果到终点时突然停下来，由于惯性作用，步进电动机会发生过冲，影响位置控制精度。所以，对步进电动机的加减速有严格的要求，那就是保证在不失步和过冲的前提下，用最快的速度（或最短的时间）移动到指定位置。

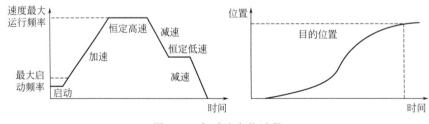

图 8-38　加减速定位过程

　　步进电动机的升速一般有两种选择，一种是按直线规律升速，另一种是按指数规律升速。直线升速规律比较简练，而指数升速规律比较接近步进电动机输出转矩随转速变化的规律。

　　控制步进电动机进行加减速就是控制每次换相的时间间隔。当微机利用定时器中断方式来控制电动机变速时，实际上就是不断改变定时器装载值的大小。为了减少每步计算装载值的时间，可以用阶梯曲线来逼近理想升降曲线，如图 8-39 所示。

图 8-39 是近似指数加速曲线。离散后速度并不是一直连续上升，而是每升一级都要在该级上保持一段时间，因此实际加速轨迹呈阶梯状。如果速度（频率）是等间距分布，那么在每个速度级上保持的时间不一样长。为了简化，我们用速度级数 N 与一个常数 C 的乘积去模拟，并且保持的时间用步数来代替。因此，速度每升一级，步进电动机都要在该速度级上走 NC 步（其中 N 为该速度级数）。

为了简化，减速时也采用与加速时相同的方法，只不过其过程是加速时的逆过程。

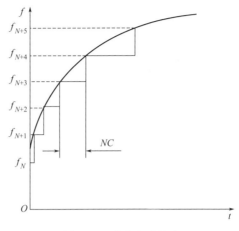

图 8-39　速度上升轨迹

8.6　步进电动机的选型

8.6.1　步进电动机的主要技术指标

（1）最大静转矩 $T_{\max}$

最大静转矩 $T_{\max}$ 是指在规定的通电相数下，矩角特性上的转矩最大值。通常在技术数据中所规定的最大静转矩是指一相绕组通以额定电流时的最大转矩值。

按最大静转矩的大小可把步进电动机分为伺服步进电动机和功率步进电动机。伺服步进电动机的输出转矩较小，有时需要经过液压力矩放大器或伺服功率发电系统放大后再去带动负载。而功率步进电动机最大静转矩一般大于 $4.9\mathrm{N} \cdot \mathrm{m}$，它不需要力矩放大装置就能直接带动负载，从而大大简化了系统，提高了传动的精度。

一般说来，最大静转矩较大的步进电动机可以带动较大的负载。

（2）步距角 θ_{s}

步距角是指步进电动机在一个电脉冲作用下（即改变一次通电方式，通常又称一拍）转子所转过的角位移，也称为步距。步距角 θ_{s} 的大小与定子控制绕组的相数、转子的齿数和通电的方式有关。步距角的大小直接影响步进电动机的启动频率和运行频率。两台步进电动机的尺寸相同时，步距角小的步进电动机的启动、运行频率较高，但转速和输出功率不一定高。

（3）静态步距角误差 $\Delta\theta_{\mathrm{s}}$

静态步距角误差 $\Delta\theta_{\mathrm{s}}$ 是指实际步距角与理论步距角之间的差值，常用理论步距角的百分数或绝对值来表示。通常在空载情况下测定，$\Delta\theta_{\mathrm{s}}$ 小意味着步进电动机的精度高。

步进电动机的精度由静态步距角误差来衡量。从理论上讲，每一个脉冲信号应使电动机的转子转过同样的步距角。但实际上，由于定、转子的齿距分度不均匀，定、转子之间的气隙不均匀或铁芯分段时的错位误差等，实际步距角和理论步距角之间存在偏差，由此决定静态步距角误差。在实际测定静态步距角误差时，既要量测相邻步距角的误差，还要计算步距角的累计误差。步进电动机的最大累计误差是取电动机转轴的实际停留位置超过及滞后理论停留位置、两者各自的最大误差值的绝对值之和的一半来计算的。静态步距角误差直接影响到角度控制时的角度误差，也影响到速度控制时的位置误差，并影响到转子的瞬时转速稳定度的大小。因此，应尽量设法减小这一误差，以提高精度。

（4）精度

步进电动机的精度有两种表示方法，一种用最大步距角误差来表示，另一种用最大步距角累计误差来表示。

最大步距角误差是指电动机旋转一周内相邻两步之间最大步距角和理想步距角的差值，用理想步距角的百分数表示。

最大步距角累计误差是指任意位置开始经过任意步之间，角位移误差的最大值。步进电动机每转一圈的累积误差为零。

（5）启动频率 f_{st} 和启动频率特性

启动频率 f_{st} 是指步进电动机能够不失步启动的最高脉冲频率。技术数据中给出空载和负载启动频率。启动频率是一项重要的性能指标。

（6）运行频率 f_{ru} 和运行矩频特性

运行频率 f_{ru} 是指步进电动机启动后，控制脉冲频率连续上升而不失步的最高频率。通常在技术数据中也给出空载和负载运行频率，运行频率的高低与负载转矩的大小有关，所以又给出了运行矩频特性。

提高运行频率对于提高生产率和系统的快速性具有很大的实际意义。因为运行频率比启动频率高得多，所以在使用时，通常采用能自动升、降频控制线路，先在低频（不大于启动频率）下进行启动，然后再逐渐升频到工作频率，使电动机连续运行，升频时间在 1s 之内。

（7）零位（初始稳定平衡位置）

零位指不改变绕组通电状态，转子在理想空载状态下的平衡位置。

（8）失调角

失调角为转子齿轴线偏移定子齿轴线的角度，即扰动作用时转子偏离零位的电角度。电动机运转必存在失调角，由失调角产生的误差，采用细分驱动是解决不了的。

8.6.2　步进电动机与驱动器的选择

（1）步进电动机的选择

步进电动机由步距角（涉及相数）、静转矩及电流三大要素组成。一旦这三大要素确定，步进电动机的型号便可确定下来。

① 步距角的选择。步进电动机的步距角取决于负载精度的要求，将负载的最小分辨率（当量）换算到电动机轴上，每个当量电动机应走多少角度（包括减速）。电动机的步距角应等于或小于此角度。目前市场上步进电动机的步距角一般有 0.36°/0.72°（五相电动机）、0.9°/1.8°（四相电动机）、1.5°/3°（三相电动机）等。

② 静态转矩的选择。静态转矩选择的依据是电动机工作的负载，而负载可分为惯性负载和摩擦负载两种。单一的惯性负载和单一的摩擦负载是不存在的。直接启动时（一般由低速）两种负载均要考虑，加速启动时主要考虑惯性负载，恒速运行主要考虑摩擦负载。一般

情况下，静态转矩应为摩擦负载的 2～3 倍，静态转矩一旦选定，电动机的机座及长度便能确定下来。

③ 电流的选择。静态转矩相同的电动机，由于电流参数不同，其运行特性差别很大，可依据矩频特性曲线图，判断电动机的电流。

④ 力矩与功率换算。因为步进电动机一般在较大范围内调速使用，其功率是变化的，所以，一般只用力矩来衡量。力矩与功率换算如下：

$$P = M\Omega = \frac{2\pi n}{60}M$$

式中，P 为功率，W；Ω 为角速度，rad/s；n 为转速，r/min；M 为力矩，N•m。

$$P = 2\pi fM/400 \text{（半步工作）}$$

式中，f 为每秒脉冲数（简称 PPS）。

（2）选择注意事项

① 步进电动机在 600PPS（0.9°）以下工作，应采用小电流、大电感、低电压来驱动。

② 步进电动机最好不使用整步状态，整步状态时振动大。

③ 转动惯量大的负载应选择大机座号的步进电动机。

④ 步进电动机在较高速或带大惯量负载时，一般不在工作速度启动，而采用逐渐升频提速，一是电动机不失步，二是可以减少噪声，同时可以提高停止时的定位精度。

⑤ 高精度时，应通过机械减速、提高电动机速度或采用高细分数的驱动器来解决，也可以采用五相电动机，不过其整个系统的价格较贵。

⑥ 电动机不应在振动区内工作，如若必须在振动区内工作，可通过改变电压、电流或加一些阻尼的办法解决。

⑦ 应遵循先选电动机后选驱动的原则。

（3）驱动器的选择

① 驱动器的电流。电流是判断驱动器能力大小的依据，是选择驱动器的重要指标之一。通常驱动器的最大电流要略大于电动机的标称电流。驱动器通常有 2.0A、3.5A、6.0A、8.0A 等规格。

② 驱动器的供电电压。供电电压是判断驱动器升速能力的标志，常规电压供给有 24VDC、40VDC、60VDC、80VDC、110VDC、220VDC 等。由于历史原因，只有标称为 12V 电压的电动机使用 12V 驱动电压，其他电动机的电压值不是驱动电压幅值，可根据驱动器选择驱动电压（建议：57BYG 采用直流 24～36V 的电压，86BYG 采用直流 50V 的电压，110BYG 采用高于直流 80V 的电压），当然 12V 的电压除 12V 恒压驱动外也可以采用其他驱动电源，不过要考虑温升。

③ 驱动器的细分。细分是控制精度的标志，通过增大细分能改善精度。步进电动机（尤其是反应式步进电动机）都有低频振荡的特点，如果电动机需要工作在低频共振区（如走圆弧），则细分驱动器是很好的选择。此外，如采用细分，将使输出转矩对各种电动机都有不同程度的提升。

需要注意的是，同一个步进电动机使用不同的驱动控制器，运行特性将有相当大的差异。除了应注意驱动方式和矩频特性外，在选择步进电动机驱动控制器时，还应注意以下几点：

① 使用的电源是交流还是直流。

② 驱动方式是定电压驱动还是定电流驱动。

③ 输入信号的电平逻辑、脉冲宽度。

④ 输出信号的电压、电流序列。

8.7　步进电动机的使用与维护

8.7.1　步进电动机使用注意事项

① 根据需要的脉冲当量和可能的传动比决定步进电动机的步距角。

② 根据负载需要的最大角速度和速度以及传动比，选择运行频率。

③ 启动和停止的频率应考虑负载的转动惯量，大转动惯量的负载，启动和停止频率应选得低一些。启动时先在低频下启动，然后再升到工作频率；停车时先把电动机从工作频率下降到低频再停止。

④ 应尽量使工作过程中的负载均称，避免由于负载突变而引启动态误差。

⑤ 强迫风冷的步进电动机，工作中冷却装置应正常运行。

⑥ 发现步进电动机有失步现象时，应首先考虑是否超载，电源电压是否在规定范围内，指令安排是否合理。然后再检查驱动电源是否有故障，波形是否正常。在修理过程中，不宜任意更换元件和改用其他规格的元件代用。

8.7.2　步进电动机的维护与保养

(1) 步进电动机检查维护要点

① 步进电动机应存放在环境温度为 $-40 \sim +50$℃、相对湿度不大于 95% 的清洁通风良好的库房内，空气中不得含有腐蚀性气体。

② 在运输步进电动机的过程中，应小心轻放，避免碰撞和冲击。

③ 严禁将步进电动机与酸碱等腐蚀性物质放在一起。

④ 防止人体触及电动机内部危险部件，以及外来物质的干扰，保证电动机正常工作。

⑤ 因为大部分切削液、润滑油等液态物质渗透力很强，电动机长时间接触这些液态物质，很可能会导致不能正常工作或使用寿命缩短。因此，在电动机安装使用时，需采取适当的防护措施，尽量避免接触上述液态物质，更不能将其置于液态物质里浸泡。

⑥ 当电动机电缆排布不当时，可能会导致切削液等液态物质沿电缆导入并积聚到插接件处，继而引起电动机故障。因此，在安装使用时，应尽量使电动机接插件侧朝下或朝水平方向布置。

⑦ 当电动机接插件侧朝水平方向时，电缆在接入插接件前需作滴状半圆形弯曲。

⑧ 当由于机器结构的关系，难以避免电动机插接件侧朝上时，需采取相应的防护措施。

(2) 步进电动机连接、保养要求和步骤

① 按照接口说明，连接信号线、电机线、电源线。电机线和电源线流过电流较大，接线时一定要接牢，并固定在扎带座上，插头需插紧，防止因接触不良引起发热，烧坏插头、插座。

② 连接步进电动机时，需确认相间无短路，电动机绕组绝缘符合要求，无错相连接，三相绕组的同名端不要接反（同名端接反会使运行性能变差，容易引起步进电动机失步）。

③ 连接电源时，建议电源应通过隔离变压器供电，这样电动机漏电时（如电动机接线碰壳，相绕组碰壳、电动机进水等），可起到对人身、设备（驱动器和电动机）的保护作用。

④ 电源开关可使用空气开关、漏电保护开关或接触器等能快速、可靠通断的开关。但不能使用普通的闸刀开关，因为此类开关在合闸时极易产生接触不良现象，使驱动器受干扰而出现错误动作。

电源经隔离变压器、开关后连接到电源接口的"AC220V IN"端子上，轴流风扇电源线接到电源接口的"AC220V OUT"端子上，保护接地线连接到电源接口的"FG"端子上。

8.8　步进电动机常见故障及其排除方法

步进电动机的常见故障及其排除方法见表 8-1。

表 8-1　步进电动机的常见故障及其排除方法

故障现象	产生原因	检修方法
严重发热	① 使用时不符合规定 ② 把六拍工作方式，用双三拍工作方式运行 ③ 电动机的工作条件恶劣，环境温度过高，通风不良 ④ 为提高电动机的性能指标，采用了加高电压，或加大工作电流的方法	① 按规定使用 ② 按规定工作方式进行，如确要将六拍改为双三拍使用，可先做温升试验，如温升过高可降低参数指标使用或改换电动机 ③ 加强通风，改善散热条件 ④ 改变使用条件后，必须补做温升试验，证明无特高温升的才能使用
定子线圈烧坏	① 使用不慎，或作普通电动机接在 220V 工频电源上 ② 高频电动机在高频下连续工作时间过长 ③ 在用高低压驱动电源时，低压部分故障，致使电动机长期在高压下工作 ④ 长期在温升较高的情况下运行，造成绕组绝缘老化	① 使用时注意电动机的类型 ② 严格按照电动机工作制使用 ③ 检修电源电路 ④ 查明温升过高的原因，应改善使用条件，加强散热通风
不能启动	① 工作方式不对 ② 驱动电路故障 ③ 遥控时距离较远，线路压降过大 ④ 安装不正确，电动机本身轴承、止口不严或扫膛等使电动机不转 ⑤ 接线错误，即 N、S 极极性接错 ⑥ 长期在潮湿场所存放，造成电动机内部旋转部分生锈 ⑦ 电动机绕组匝间短路或接地 ⑧ 外电源压降太多，致使电源电压过低 ⑨ 没有脉冲控制信号	① 按电动机说明书使用 ② 检查驱动电路 ③ 检查输入电压，如电压太低，可调整电压 ④ 检查电动机 ⑤ 改变接线 ⑥ 检修清洗电动机 ⑦ 查出短路或接地处，加强绝缘或重新绕制 ⑧ 查出原因，予以解决 ⑨ 检查控制线路
工作过程中停车	① 驱动电源故障 ② 电动机线圈匝间短路或接地 ③ 绕组烧坏 ④ 脉冲信号发生器电路故障 ⑤ 杂物卡住	① 检修驱动电源 ② 按普通电动机的检修方法进行 ③ 更换绕组 ④ 检查有无脉冲信号 ⑤ 清洗电动机

续表

故障现象	产生原因	检修方法
噪声大	① 电动机运行在低频区或共振区 ② 纯惯性负载、短程序、正反转频繁 ③ 磁路混合式或永磁式转子磁钢退磁后以单步运行或在失步区 ④ 永磁单向旋转步进电动机的定向机构损坏	① 消除齿轮间隙或其他间隙,采用尼龙齿轮;使用细分电路;使用阻尼器;降低电压,以降低出力;采用隔声措施 ② 改长程序并增加摩擦阻尼以消振 ③ 只需重新充磁即可改善 ④ 修理定向机构
失步(或多步)	① 负载过大,超过电动机的承载能力 ② 负载时大时小 ③ 负载的转动惯量过大,启动时失步,停车时过冲(即多步) ④ 传动间隙大小不均 ⑤ 传动间隙中的零件有弹性变形(如绳传动) ⑥ 电动机工作在振荡失步区 ⑦ 电路总清零键使用不当 ⑧ 定、转子相擦	① 更换大电动机 ② 减小负载,主要减小负载的转动惯量 ③ 采用逐步升频来加速启动,停车时采用逐步减频后,再停车 ④ 对机械部分采取消隙措施,采用电子间隙补偿信号发生器 ⑤ 增加传动绳的张紧力,增大阻尼或提高传动零件的精度 ⑥ 降低电压或增大阻尼 ⑦ 在电动机执行程序的中途暂停时,不应再使用总清零键 ⑧ 查明原因,予以排除
无力或出力降低	① 驱动电源故障 ② 电动机绕组内部接线错误 ③ 电动机绕组碰壳、相间短路或线头脱落 ④ 轴断 ⑤ 定、转子间隙过大 ⑥ 电源电压过低	① 检查驱动电源 ② 用磁针检查每相磁场方向,接错的一相指针无法定位,应将其改接 ③ 拧紧接头,对电动机绝缘及短路现象进行检查,无法修复时应更换绕组 ④ 换轴 ⑤ 换转子 ⑥ 调整电源电压使其符合要求

注:步进电动机除以上故障外,还有与其他电动机相同的故障,可参照三相异步电动机故障检修方法进行修理。

8.9 步进电动机的应用

步进电动机的应用十分广泛,如机械加工、绘图机、机器人、计算机的外部设备、自动记录仪表等。它主要用于工作难度大、要求速度快、精度高的场合。尤其是电力电子技术和微电子技术的发展为步进电动机的应用开辟了广阔的前景。下面举几个实例简要说明步进电动机的一些典型的应用。

(1) 步进电动机在数控机床中的应用

数控机床是数字程序控制机床的简称,它具有通用性、灵活性及高度自动化的特点,主要适用于加工零件精度要求高、形状比较复杂的生产中。

步进电动机在 X-Y 工作台中的应用是其在自动化机器中应用的典型示例。简易数控机床的情况与其相同。X-Y 工作台的应用示例如图 8-40 所示。步进电动机通过丝杆将旋转运行变换为工作台的直线运行,从而实现工作台的控制。根据使用步进电动机的情况,可采用齿轮减速,亦可直接驱动。大多采用高分辨、控制性能好的功率步进电动机。

图 8-41 所示为数控机床控制方框图,图中实线所示的系统为开环控制系统,在开环系统的基础上,再加上虚线所示的测量装置,即构成闭环控制系统。其工作过程是,首先应按

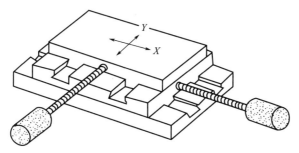

图 8-40　在 X-Y 工作台中的应用

照零件加工的要求和加工的工序，编制加工程序，并将该程序送入微型计算机中，计算机根据程序中的数据和指令进行计算和控制；然后根据所得的结果向各个方向的步进电动机发出相应的控制脉冲信号，使步进电动机带动工作机构按加工工艺要求依次完成各种动作，如转速变化、正反转、启停等。这样就能自动地加工出程序所要求的零件。

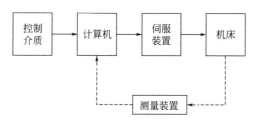

图 8-41　数控机床控制框图

（2）在办公自动化设备中的应用

　　步进电动机主要用在硬盘、软盘驱动器中的磁头驱动，打印机、传真机、复印机中送纸等。

　　图 8-42 是步进电动机在软磁盘驱动系统中的应用示意图。当软磁盘插入驱动器后，驱动电动机带动主轴旋转，使盘片在盘套内转动。磁头安装在磁头小车上，步进电动机通过传动机构驱动磁头小车，步进电动机的步距角变换成磁头的位移。步进电动机每行进一步，磁头移动一个磁道。

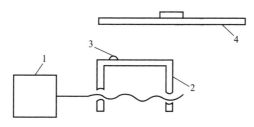

图 8-42　软磁盘驱动系统

1—步进电动机；2—磁头小车；3—磁头；4—软磁盘

第9章
开关磁阻电动机

9.1 概述

开关磁阻电动机的调速系统兼具直流、交流两类调速系统的优点，是继变频调速系统、无刷直流电动机调速系统之后发展起来的最新一代无级调速系统，是集现代微电子技术、数字技术、电力电子技术、红外光电技术及现代电磁理论、设计和制作技术为一体的光、机、电一体化高新技术。

9.1.1 开关磁阻电动机传动系统的组成

开关磁阻电动机传动系统（Switched Reluctance Drive，SRD）是一种新型机电一体化交流调速系统。开关磁阻电动机传动系统主要由开关磁阻电动机（Switched Reluctance Motor，SRM 或 SR 电动机）、功率变换器、控制器和检测器等四部分组成，如图 9-1 所示。

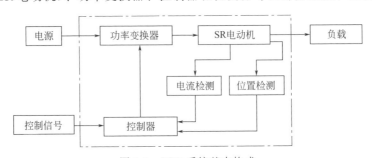

图 9-1　SRD 系统基本构成

SR 电动机是一种典型的机电一体化装置，电动机结构特别简单、可靠，调速性能耗，效率高，成本低。SR 电动机是 SRD 系统中实现机电能量转换的部件，其结构和工作原理都与传统电动机有较大的差别。如图 9-2 所示，SR 电动机为双凸极结构，其定、转子均由普通硅钢片叠压而成。转子上既无绕组也无永磁体，定子齿极上绕有集中绕组，径向相对的两个绕组可以串联或并联在一起，构成"一相"。

功率变换器是 SR 电动机驱动系统中的重要组成部分，其作用是将电源提供的能量经适当转换后供给电动机。功率变换器是影响系统性能价格比的主要因素。SR 电动机绕组电流是单向的，使得功率变换器主电路的结构较简单。SRD 系统的功率变换器主电路结构形式

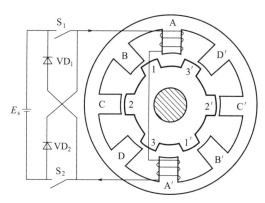

图 9-2　四相 8/6 极 SR 电动机的结构与驱动电路

与供电电压、电动机相数及主开关器件的种类有关。

控制单元是 SRD 系统的核心部分，其作用是综合处理速度指令、速度反馈信号及电流传感器、位置传感器的反馈信息。控制功率变换器中主开关器件的通断，可实现对 SR 电动机运行状态的控制。

检测单元由位置检测和电流检测环节组成，提供转子的位置信息以决定各相绕组的开通与关断，提供电流信息来完成电流斩波控制或采取相应的保护措施以防止过电流。

9.1.2　开关磁阻电动机的特点

开关磁阻电动机传动系统（SRD）是较为复杂的机电一体化装置，SRD 的运行需要在线实时检测的反馈量一般有转子位置、速度及电流等，然后根据控制目标综合这些信息给出控制指令，实现运行控制及保护等功能。转子位置检测环节是 SRD 的重要组成部分，检测到的转子位置信号是各相主开关器件正确进行逻辑切换的根据，也为速度控制环节提供了速度反馈信号。

（1）开关磁阻电机传动系统的优点

① 电动机结构简单，成本低，可用于高速运转。SRD 的结构比笼型感应电动机还要简单。其突出的优点是转子上没有任何形式的绕组，因此不会有笼型感应电动机制造过程中铸造不良和使用过程中的断条等问题。其转子机械强度极高，可以用于超高速运转（如每分钟上万转）。在定子方面，它只有几个集中绕组，因此制造简便、绝缘结构简单。

② 功率电路简单可靠。因为电动机转矩方向与绕组电流方向无关，即只需单方向绕组电流，故功率电路可以做到每相一个功率开关。而异步电动机绕组需流过双向电流，向其供电的 PWM 变频器功率电路每相需两个功率器件。因此，开关磁阻电动机调速系统较 PWM 变频器功率电路中所需的功率元件少，电路结构简单。另外，PWM 变频器功率电路中每个桥臂的两个功率开关管直接跨在直流电源侧，易发生直通短路烧毁功率器件。而开关磁阻电动机调速系统中每个功率开关器件均直接与电动机绕组相串联，根本上避免了直通短路现象。因此开关磁阻电动机调速系统中功率电路的保护电路可以简化，既降低了成本，又有较高的工作可靠性。

③ 系统可靠性高。从电动机的电磁结构上看，各相绕组和磁路相互独立，各自在一定轴角范围内产生电磁转矩。而不像在一般电动机中必须在各相绕组和磁路共同作用下产生一

个旋转磁场，电动机才能正常运转。从控制结构上看，各相电路各自给一相绕组供电，一般也是相互独立工作。由此可知，当电动机一相绕组或控制器一相电路发生故障时，只需停止该相工作，电动机除总输出功率能力有所减小外，并无其他妨碍。

④ 启动转矩大，启动电流低。控制器从电源侧吸收较少的电流，在电动机侧得到较大的启动转矩是本系统的一大特点。启动电流小而转矩大的优点还可以延伸到低速运行段，因此本系统十分合适那些需要重载启动和较长时间低速重载运行的机械。

⑤ 适用于频繁启停及正反向转换运行。本系统具有的高启动转矩、低启动电流的特点，使之在启动过程中电流冲击小，电动机和控制器发热较连续额定运行时还要小。可控参数多使其制动运行能与电动运行具有同样优良的转矩输出能力和工作特性。二者综合作用的结果必然使之适用于频繁启停及正反向转换运行。

⑥ 可控参数多，调速性能好。控制开关磁阻电动机的主要运行参数和常用方法至少有四种：相开通角、相关断角、相电流幅值、相绕组电压。可控参数多，意味着控制灵活方便。可以根据对电动机的运行要求和电动机的情况，采取不同控制方法和参数值，即可使之运行于最佳状态（如出力最大、效率最高等），还可使之实现各种不同的功能的特定曲线。如使电动机具有完全相同的四象限运行能力，并具有最高启动转矩和串励电动机的负载能力曲线。由于 SRD 速度闭环是必备的，因此系统具有很高的稳速精度，可以很方便地构成无静差调速系统。

⑦ 效率高，损耗小。本系统是一种非常高效的调速系统。这是因为一方面电动机绕组无铜损；另一方面电动机可控参数多，灵活方便，易于在宽转速范围和不同负载下实现高效优化控制。以 3kW 的 SRD 为例，其系统效率在很宽范围内都在 87% 以上，这是其他一些调速系统不容易达到的。将本系统同 PWM 变频器控制笼型异步电动机的系统进行比较，本系统在不同转速和不同负载下的效率均比变频器系统高。

⑧ 定子线圈嵌放容易，端部短而牢固，工作可靠，能适用于各种恶劣、高温甚至强振动环境。

⑨ 损耗主要产生在定子上，电动机易于冷却；转子无永磁体，可允许有较高的温升。

⑩ 可通过机和电的统一协调设计满足各种特殊使用要求。

（2）开关磁阻电动机驱动系统 SRD 系统的主要缺点

① 有转矩脉动。从工作原理可知，开关磁阻电动机转子上产生的转矩是由一系列脉冲转矩叠加而成的，由于双凸极结构和磁路饱和非线性的影响，合成转矩不是一个恒定转矩，而有一定的谐波分量，这影响了开关磁阻电动机的低速运行性能。

② 开关磁阻电动机传动系统的噪声与振动比一般电动机大。

③ 开关磁阻电动机的出线头较多，如三相开关磁阻电动机至少有四根出线头，四相开关磁阻电动机至少有五根出线头，而且还有位置检测器出线端。

上述缺点通过对电动汽车电动机进行精心设计，采取适当措施，并从控制角度考虑采用合理策略可以得到改进。

9.2　开关磁阻电动机的基本结构和工作原理

9.2.1　开关磁阻电动机的构成

图 9-2 所示为一定子有 8 个齿极、转子有 6 个齿极（简称 8/6 极）的开关磁阻电动机及一相驱动电路示意图。在结构上，开关磁阻电动机的定子和转子都为凸极式，由硅钢片叠压

而成，但定、转子的极数不相等。定子极上装有集中式绕组，两个径向相对极上的绕组串联或并联起来构成一相绕组，比如图 9-2 中 A 和 A′极上的绕组构成了 A 相绕组。转子上没有绕组。

　　SR 电动机的运行遵循"磁阻最小原理"——磁通总是沿磁阻最小的路径闭合。当定子某相绕组通电时，所产生的磁场由于磁力线扭曲而产生切向磁拉力，试图使相近的转子极旋转到其轴线与该定子极轴线对齐的位置，即磁阻最小位置。

9.2.2　开关磁阻电动机的工作原理

　　以图 9-2 为例说明 SR 电动机的工作原理。当 A 相绕组电流控制开关 S_1、S_2 闭合时，A 相绕组通电励磁，所产生的磁通将由励磁相定子极通过气隙进入转子极，再经过转子轭和定子轭形成闭合磁路。当转子极接近定子极时，比如说转子极 1-1′与定子极 A-A′接近时，在磁阻转矩作用下，转子将转动并趋向使转子极中心线 1-1′与励磁相定子极中心线 A-A′相重合。当这一过程接近完成时，适时切断原励磁相电流，并以相同方式给定子下一相励磁，则将开始第二个完全相似的作用过程。若以图 9-2 中定、转子所处位置为起始点，依次给 D→A→B→C→D 相绕组通电（B、C、D 各相绕组图中未画出），则转子将按顺时针方向连续转动起来；反之，若按 B→A→D→C→B 的顺序通电，则转子会沿逆时针方向转动。在实际运行中，也有采用两相或两相以上绕组同时导通的方式。但无论是同时一相导通，还是同时多相导通，当 m 相绕组轮流通电一次时，转子转过一个转子极距。

　　对于 m 相 SR 电动机，如定子齿极数为 N_s，转子齿极数为 N_r，转子极距角 τ_r（简称为转子极距）为：

$$\tau_r = \frac{2\pi}{N_r}$$

　　我们将每相绕组通电、断电一次转子转过的角度定义为步距角，则其值为：

$$\alpha_p = \frac{\tau_r}{m} = \frac{2\pi}{mN_r}$$

　　转子旋转一周转过 $360°$（或 2π 弧度），故每转步数为：

$$N_p = \frac{2\pi}{\alpha_p} = mN_r$$

　　由于转子旋转一周，定子 m 相绕组需要轮流通电 N_r 次，因此，SR 电动机的转速 n（r/min）与每相绕组的通电频率 f_{ph} 之间的关系为：

$$n = \frac{60f_{ph}}{N_r}$$

　　综上所述，我们可以得出以下结论：SR 电动机的转动方向总是逆着磁场轴线的移动方向，改变 SR 电动机定子绕组的通电顺序，即可改变电动机的转向；而改变通电相电流的方向，并不影响转子转动的方向。

9.2.3　开关磁阻电动机的相数与极数的关系

SR 电动机的转矩为磁阻性质，为了保证电动机能够连续旋转，当某一相定子齿极与转子齿极轴线重合时，相邻相的定、转子齿极轴线应错开 $1/m$ 个转子极距。同时为了避免单边磁拉力，电动机的结构必须对称，故定、转子齿极数应为偶数。通常，SR 电动机的相数与定、转子齿极数之间要满足如下约束关系：

① 定子各相绕组和转子各相齿极应沿圆周均匀分布；

② 定子齿极数 N_s 应为相数 m 的两倍或 2 的整数倍；

③ 定转子齿极数 N_s 和 N_r 的选择要匹配，要能产生必要的"重复"，以保证电动机能连续地转动。即要求某一相定子齿极的轴线与转子齿极的轴线重合时，相邻相的定、转子齿极的轴线应错开 τ_r/m 机械角。即定、转子齿极数应满足

$$\left.\begin{array}{l} N_s = 2km \\ N_r = N_s \pm 2k \end{array}\right\}$$

式中，k 为正整数，为了增大转矩、降低开关频率，一般在式中取"－"号，使定子齿极数多于转子齿极数。常用的较好的相数与极数组合如表 9-1 所示。

表 9-1　SR 电动机常用的相数与极数组合

相数 m	定子齿极数（极数）N_s	转子齿极数（极数）N_r
2	4	2
	8	4
3	6	2
	6	4
	6	8
	12	8
4	8	6
5	10	8

电动机的极数和相数与电动机的性能和成本密切相关，一般，极数和相数增多，电动机的转矩脉动减小，运行平稳，但导致结构复杂，主开关器件增多，增加了电动机的复杂性和功率电路的成本；相数减少，有利于降低成本，但转矩脉动增大，且两相以下的 SR 电动机没有自启动能力（指电动机转子在任意位置下，绕组通电启动的能力）。所以，目前应用较多的是三相 6/4 极结构、三相 12/8 极结构和四相 8/6 极结构。

四相 8/6 极 SR 电动机结构如图 9-2 所示，这是国内绝大部分产品所采用的技术方案。

其极数、相数适中，转矩脉动不大，特别是启动较平稳，经济性也较好。

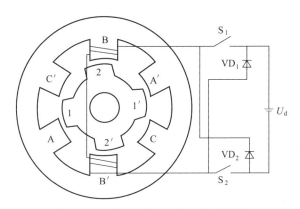

图 9-3　三相 6/4 极 SR 电动机示意图

　　三相 6/4 极电动机结构如图 9-3 所示，它是最少极数、最少相数的可双向自启动 SR 电动机，故经济性较好；与四相 8/6 极电动机相比，同样转速时要求功率电路的开关频率较低，因此适合于高速运行。但是其步距角较大（为 30°），转矩脉动也较大。

　　为了减小转矩脉动，可采用图 9-4 所示的三相 12/8 极结构（未画出绕组），其相数虽然采用了可双向自启动的最小值，但由于齿极数为三相 6/4 极的两倍，其步距角与四相 8/6 极相同（均为 15°）。此方案的另一个优点是每相绕组由定子上相距 90° 的四个极上的线圈构成，产生的转矩在圆周上分布均匀，由磁路和电路造成的单边磁拉力小，因此电动机产生的噪声也比较低。

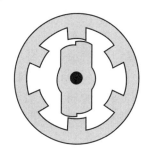

图 9-4　三相 12/8 极 SR 电动机　　　　　　　　图 9-5　三相 6/2 极 SR 电动机

　　三相 6/2 极 SR 电动机结构（未画出绕组）如图 9-5 所示，为减少转矩"死区"，该电动机采用了阶梯气隙转子。

　　五相 10/8 极 SR 电动机结构（未画出绕组）如图 9-6 所示。采用五相以上 SR 电动机的目的多是为了获得平滑的电磁转矩，降低转矩脉动，优点是在无位置传感器控制中可获得稳定的开环工作状态，但其缺点是电动机和控制器的成本和复杂性大大提高。

　　单相外转子 SR 电动机的结构如图 9-7 所示。其定子绕组为环形线圈，绕制在定子铁芯外圆的槽内。环形绕组通电后形成轴向和径向混合的磁通。当转子齿极接近定子齿极时接通电源，转子受力旋转，在定子、转子齿极重合之前断开电源，转子靠惯性继续旋转，待转子齿极接近下一个定子齿极时再接通定子绕组，如此重复，电动机可以连续转动。为了解决自启动问题，可以采取适当措施，如附加永磁体，使电动机断电时转子停在适当位置，以保证下次通电启动时存在一定转矩。

图 9-6　五相 10/8 极 SR 电动机

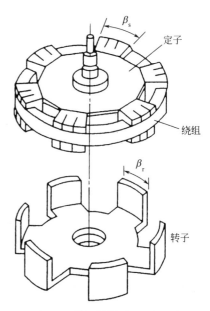

图 9-7　单相外转子 SR 电动机

9.3　开关磁阻电动机的运行

9.3.1　开关磁阻电动机的运行特性

当外施电压 U_S 给定、开通角 θ_{on} 和关断角 θ_{off} 固定时，SR 电动机的转矩、功率与转速的关系类似于直流电动机的串励特性。任意改变外施电压 U_S、开通角 θ_{on} 和关断角 θ_{off} 三个条件中的一个，就可以得到一组串励特性曲线。但是，实际上在转速较低时，电流和转矩都有极限值，其基本机械特性如图 9-8 所示。

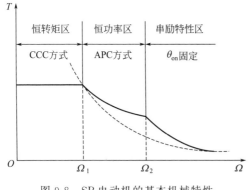

图 9-8　SR 电动机的基本机械特性

对于给定的 SR 电动机，在最高外施电压允许的最大磁链和电流条件下，存在一个临界转速，它是 SR 电动机保持最大转矩时能达到的最高转速，称为基速或第一临界转速（用角速度 Ω_1 表示）。此时 SR 电动机的功率也是最大的。

当 SR 电动机低于基速运行时，为了限制绕组电流不超过允许值，可以调节外施电压 U_S、开通角 θ_{on} 和关断角 θ_{off} 三个控制量。为了在基速以下获得恒转矩特性，则可固定开通角 θ_{on} 和关断角 θ_{off}，通过斩波控制外施电压，得到恒转矩特性。这种控制方式称为电流斩波控制（Chopped Current Control，CCC）。

当 SR 电动机高于基速运行时，在外施电压开通角和关断角都一定的条件下，若为线性理想情况，随着转子角速度 Ω 的增加，电流将下降，转矩则随 Ω 的平方下降。由于外施电压最大值是由电源功率变换器决定的，而开通角又不能无限增加（一般不超过 π/N_r）。因此，在外施电压达到最大和开通角、关断角达到最佳的条件下，能得到最大功率 $P_{\max}$ 的最高转速，也就是恒功率特性的速度上限，被称为第二临界转速（用角速度 Ω_2 表示）。当 SR 电动机的运行速度介于 Ω_1 和 Ω_2 之间时，可以通过保持外施电压不变，调节开通角和关断角获得恒功率特性。这种控制方式称为角度位置控制（Angular Position Control，APC）。

当 SR 电动机的转速再增加，高于第二临界转速时，由于可控条件都已达到极限，转矩不再随转子角速度 Ω 的平方下降，SR 电动机又是串励特性运行。

SR 电动机的一个重要特点就是存在两个临界转速点。采用不同的可控条件匹配，可以得到两个临界点的不同配置，从而得到各种所需的机械特性，这就是 SR 电动机具有优良调速性能的原因之一。从设计的观点看，两个临界点的合理配置，是保证 SR 电动机设计合理、满足给定技术指标要求的关键。

9.3.2　开关磁阻电动机的启动运行

对于 SR 电动机，要求有足够大的启动转矩、启动电流小、启动时间短。但是，单相 SR 电动机只能在转子处于某一位置时自启动，并只能在有限的转角范围内（$\partial L/\partial\theta>0$）产生正转矩，其性能在两个方向是一致的。两相 SR 电动机可以从任意转子位置启动，但只能单方向运行。三相及三相以上 SR 电动机可以在任意转子位置正、反转启动，而且不需要其他辅助设备。

SR 电动机的启动有一相绕组通电启动和两相绕组通电启动两种方式，下面以四相 8/6 极 SR 电动机为例定性分析 SR 电动机启动运行的特点。

SR 电动机一相启动指的是，在启动时给 RS 电动机的一相绕组通以恒定电流，随着转子位置的不同，SR 电动机产生的电磁转矩大小也不同，甚至转矩的方向也会改变，我们把 SR 电动机在每相绕组通以一定电流时产生的电磁转矩 T_e 与转子位置角 θ 之间的关系称为矩角特性。图 9-9 为四相 SR 电动机的典型矩角特性曲线。从图中可以看出，相邻两相矩角特性的交点为最小启动转矩 T_{stmin}，各相矩角特性曲线的幅值处为最大启动转矩 T_{stmax}。如果各相绕组选择适当的导通区间，单相启动方式下总启动转矩为各相矩角特性上的包络线，而相邻两相矩角特性的交点则为最小启动转矩（T_{stmin}）。如果负载转矩大于 SR 电动机的最小启动转矩，则电动机存在启动死区。

为了增大 SR 电动机的启动转矩、消除启动死区，可以采用两相启动方式，即在启动过程中的任一时刻均有两相绕组通以相同的启动电流，启动转矩由两相绕组的电流共同产生。如果忽略两相绕组间的磁耦合影响，则总启动转矩为两相矩角特性之和。两相启动时合成转矩和各相导通规律如图 9-10 所示。

显然，两相启动方式下的最小启动转矩为单相启动时的最大转矩，且两相启动方式时的平均转矩增大，电动机带负载能力明显增强；两相启动方式的最大转矩与最小转矩的比值减小，转矩脉动减小。如果负载转矩一定，两相启动所需的电流幅值将明显低于单相启动所需的电流幅值。可见两相启动方式明显优于单相启动，所以一般都采用两相启动方式。

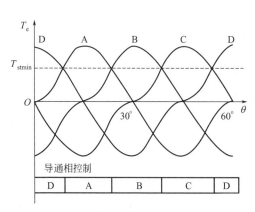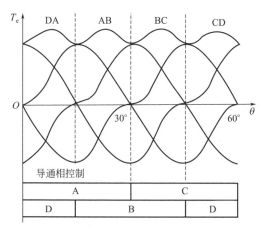

图 9-9　四相 SR 电动机的矩角特性　　　　图 9-10　两相启动时合成转矩和各相导通规律

9.3.3　开关磁阻电动机的四象限运行

SR 电动机产生的电磁转矩与其相绕组电流的方向无关，通过改变相绕组励磁位置和触发顺序即可改变转矩的大小和方向，实现正转电动、正转制动、反转电动和反转制动四种运行方式，即可以实现四象限运行。

（1）正反转控制

相对正转而言，反转运行需要两个条件：一是应该有负的转矩；二是应该有反相序的控制信号。

主开关器件的开通角 θ_{on} 和关断角 θ_{off} 决定每相绕组的通电区域，若在 $\partial L/\partial\theta>0$ 区段通电则产生正转矩；若在 $\partial L/\partial\theta<0$ 区段通电则产生负转矩。当 SR 电动机按负转矩反向旋转时，位置检测器的信号就自动反相序，因此经逻辑变换自然形成反相序（相对于正转逻辑）控制信号。所以如果 θ_{on} 和 θ_{off} 为正转控制角，则只要将控制导通区推迟半个周期，就可以产生负转矩，并实现反转。反转之后的控制角分别为 $\theta'_{on}=\theta_{on}+\tau_r/2$ 和 $\theta'_{off}=\theta_{off}+\tau_r/2$（$\tau_r$ 为转子极距），反转之后的实际控制角仍然在正常电动控制范围内，如图 9-11 所示。

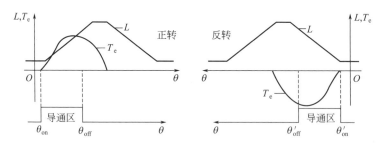

图 9-11　SR 电动机正反转控制原理

（2）制动控制

在传动系统中，有时需要电动机制动运行，即在电动机的轴上施加一个与转速方向相反的转矩，来限制电动机转速的升高，或者使电动机由高速运行很快进入低速运行。

由 SR 电动机的工作原理可知，在电动机正转时，将相绕组主开关器件的导通区设在相

绕组电感 L 的下降段即可产生负转矩，使电动机降速，如图 9-12 所示（图中 Ψ 为磁链，i 为电流）。改变相绕组主开关器件的开通角 θ_{on} 和关断角 θ_{off} 就可实现 SR 电动机的制动运行，因此，SR 电动机的制动控制仍然属于 APC 控制方式的一种。

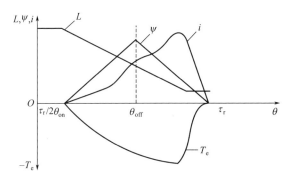

图 9-12　制动状态下 L，Ψ，i，T_e 与转子
位置角 θ 的关系示意图

在制动状态，电磁转矩的方向与转速方向相反，SR 电动机轴上的机械功率转换为电能，并借助主回路的电路电子器件回馈给电源或其他储能元件，如电容。SR 电动机的制动属于回馈制动（或称再生制动）。

9.4　开关磁阻电动机的功率变换器

功率变换器是直流电源和 SR 电动机的接口，它的输入端与电池或整流器等直接电源相连，输出端与开关磁阻电动机各相绕组相连。功率变换器在控制器的控制下起到开关作用，使绕组与电源接通或断开，为开关磁阻电动机提供电能量，以满足所需机械能的转换。同时还为绕组的储能提供回馈路径。

开关磁阻电动机驱动系统的成本主要取决于功率变换器，因此，合理设计功率变换器应从与电动机结构匹配、效率高、控制方便、结构简单、成本低等基本要求出发。一个理想的功率变换器主电路结构应当满足如下要求：

① 具有较少数量的主开关元件；
② 可将电源电压全部加给电动机相绕组；
③ 在任何速度下，均能给相绕组提供充分大的励磁电压，以迅速建立相电流；
④ 主开关器件的电压额定值与供电电源电压接近；
⑤ 能通过对主开关器件的控制，有效地控制相电流；
⑥ 能将绕组储能回馈给电源。

9.4.1　功率变换器常见的主电路形式

SRD 系统的功率变换器电路结构有许多种，不同结构电路的主开关器件数量与定额、能量回馈方式以及适用场合均不同，在设计时应特别注意。下面扼要介绍 SRD 系统常见的几种功率变换器主电路。

（1）双开关型主电路

双开关型主电路（又称不对称半桥型电路）如图 9-13 所示，每相中有两个主开关 VT_1、VT_2 及续流二极管 VD_1、VD_2。VT_1、VT_2 导通时，绕组所加电压为 U_S；VT_1、VT_2 同时关断时，相电流沿图中箭头方向经续流二极管 VD_1 和 VD_2 续流，将电动机的磁场储能以电能形式迅速回馈电源，实现强迫换相。

由于开关器件及二极管的最大反电压为 U_S 以及接通、关断时的电压突变，器件的电压定额选为 $2U_S$。

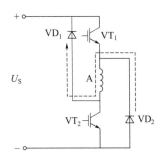

图 9-13　双开关型功率变换器

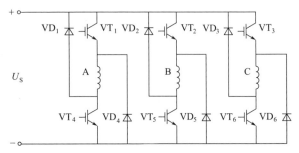

图 9-14　三相不对称半桥型主电路

这种电路的主要优点是开关器件电压容量要求比较低，特别适合于高压和大容量场合；而且各相绕组电流可以独立控制，控制简单。缺点是开关器件数量较多。

双开关型功率变换器适用于任意相数的 SRD 系统。三相 SRD 系统最常用的主电路形式就是双开关型主电路（也叫三相不对称半桥型主电路），如图 9-14 所示。

（2）双绕组型主电路

图 9-15 为双绕组型主电路，电动机每相中有完全耦合的通电绕组（一次绕组，又称主绕组）及续流绕组（二次绕组，又称副绕组），它们同名端反接。每相中仅有一个开关器件 VT_1 和一个续流二极管 VD_1。主开关 VT_1 导通时，电源对主绕组供电，形成图示实线箭头方向的电流；当 VT_1 关断时，靠磁耦合将主绕组的电流转移到副绕组，通过二极管 VD_1 续流（续流电流方向为图中虚线箭头方向），向电源回馈电能，实现强迫换相。

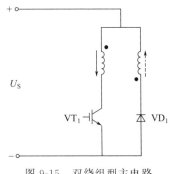

图 9-15　双绕组型主电路

双绕组型功率变换器电路简单，每相只有一个开关管，开关元件少，这是它最大的优点。但是主开关除了要承受电源电压外，还要承受副绕组（续流时）的互感电动势。如设主、副绕组的匝数比为 1 : 1，并认为它们完全耦合，则主开关的额定工作电压应为 $2U_S$。实际上，主、副绕组之间不可能完全耦合，致使在 VT_1 关断瞬间，因漏磁及漏感作用，其上会形成较高的尖峰电压，故 VT_1 需要有良好的吸收回路，才能安全工作。这种电路的缺点是电动机与功率变换器之间的连线较多，电动机绕组利用率降低，铜耗增加，体积增大。

这种主电路可适用于任意相数的开关磁阻电动机，尤其适宜于低压直流电源（如蓄电池）供电的场合。

（3）电容分压型主电路

电容分压型主电路又称电容裂相型主电路或双电源型主电路，是四相 SR 电动机广泛采用的一种功率变换器电路，其电路结构如图 9-16 所示。这种结构的功率变换器每相中只需要一个功率开关器件和一个续流二极管，各相的主开关器件和续流二极管依次上下交替排布；电源 U_S 被两个大电容 C_1 和 C_2 分压，得到中点电位 $U_0 \approx U_S/2$（通常 $C_1 = C_2$）；四相绕组的一端共同接至电源的中点。

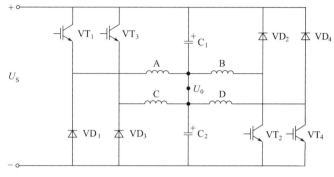

图 9-16　电容分压型主电路

在这种电路中，SR 电动机采用单相通电方式，当上桥臂的开关管 VT$_1$ 导通时，电流经 VT$_1$、绕组 A 和上半部电源流通，加到绕组 A 上的电压是电容 C_1 两端的电压，A 相绕组从电容 C_1 吸收电能；当 VT$_1$ 断开时，则 VD$_1$ 导通，绕组 A 中的电流经过下半部电源和二极管 VD$_1$ 流通，这时加在绕组 A 两端的电压为 C_2 两端的电压，A 相绕组的剩余能量回馈给电容 C_2。而当下桥臂的开关管 VT$_2$ 导通时，绕组 B 从 C_2 吸收电能；当 VT$_2$ 断开时，B 相绕组的剩余能量经 VD$_2$ 回馈给 C_1。因此，为了保证上、下两个电容的工作电压对称，该电路仅适用于偶数相 SR 电动机。由于采用电容分压，加到电动机绕组两端的电源电压仅为 $U_S/2$，电源电压的利用率降低。在同等功率情况下，主开关器件的工作电流为双开关型电路中功率器件的两倍。而每个主开关器件和续流二极管的额定工作电压为 $U_S + \Delta U$（ΔU 是换相引起的瞬时电压）。

电容分压型功率变换器电路的主要特点是，每相只用一个主开关，功率器件少，结构最简单；电动机的相数必须是偶数，上下两路负载必须均衡。

电容分压型功率变换器电路需要体积大、成本高的高压大电容。该电路电源电压的利用率低，适用于电源电压较高的场合。

在实际工作时，由于分压电容不可能很大，中点电位是波动的。在低速时波动尤为明显，甚至可能导致电动机不能正常工作。

9.4.2　功率开关器件和续流二极管的选择

（1）开关器件的选择

开关磁阻电动机驱动系统功率变换器主开关器件的选择与电动机的功率等级、供电电压、峰值电流、成本等有关；另外还与主开关器件本身的开关速度、触发难易、开关损耗、抗冲击性、耐用性、并联运行的难易性、峰值电流定额和有效值（或平均值）电流定额的比值大小及市场普及性等有关。可供选择开关管类型有晶闸管整流器（SCR），门极可关断晶闸管（GTO）、电力晶体管（GTR）、金属氧化物半导体场效应晶体管（MOSFET）、绝缘栅双极型晶体管（IGBT）等。

随着半导体器件的迅速发展，目前应用于开关磁阻电动机驱动系统的功率开关管，以

MOSFET 和 IGBT 的应用最广泛。它们都是电压控制器件，都具有驱动功率小、驱动电路简单、安全工作区宽等优点。

（2）续流二极管的选择

对于续流二极管，要求其反向恢复时间短、反向恢复电流小、具有软恢复特性，这有助于减小功率变换器的开关损耗，限制主开关和续流二极管上的电流、电压振荡和电压尖峰，因此一般都选用快恢复二极管。

主开关器件和续流二极管的选择还取决于系统容量大小、电压定额和电流定额等因素，一般可以根据系统的工作电压和工作电流确定管子的电压定额和电流定额。

① 电压定额。考虑到主开关和续流二极管开关过程中要能承受一定的瞬时过电压，所选器件的电压定额应留有安全裕量。主开关和续流二极管的电压定额一般取其额定工作电压的 2～3 倍。

② 电流定额。主开关器件的电流额定值有两种：一是体现电流脉冲作用的定额，即峰值电流定额；二是体现电流连续作用的定额，即有效值电流定额（对于 IGBT 为集电极额定直流电流）。因为 IGBT 能承受较大的电流峰值，则有效值电流定额是决定功率变换器容量的主要参数。对于二极管而言，因其能承受较大的冲击电流，一般也以有效值电流定额作为选型依据。管子的电流定额通常取其最大工作电流的 1.5～2 倍。

在已知 SR 电动机的额定功率 P_N 的情况下，可以用下面的经验公式近似估算功率开关器件的最大峰值电流，并作为其选型依据：

$$\hat{I} = \frac{2.1 P_N}{U_S}$$

9.4.3　辅助电路

功率变换器除主电路外，还有一些辅助电路，其作用是保证主开关器件能正常、高效工作。如驱动电路，吸收电路（缓冲电路）和过电压、过电流保护电路等。

（1）驱动电路

驱动电路的功能是接收控制器输出的控制信号，经处理后将驱动信号输给开关器件，控制开关器件的开通和关断状态。驱动电路的结构取决于开关器件的类型，主电路的形式和电压、电流等级。具体来说，开关器件的驱动电路接收控制器件输出的微弱门电平信号，经处理后给开关器件的控制极（门极或基极）提供足够大的电压或电流，使之立即开通，此后，必须维持通态，直到接收到关断信号后立即使开关器件从通态转为关断态，并保持关断态。

在很多情况下，需要对控制器和主电路之间进行电气隔离，它可以通过脉冲变压器或光耦来实现。此外，还可以采用光纤传导替代信号的空间传导。由于不同类型的开关器件对驱动信号的要求不同，对于半控器件（SCR 和双向晶闸管）、电流控制型全控器件（GTO、BJT）和电压控制型全控器件（P-MOSFET、IGBT、MCT 和 SIT）等有着不同电路，一般说来，各种驱动触发器都已集成化、系列化，可供研制者选用。

（2）缓冲（吸收）电路

半导体开关器件工作中有开通、通态、关断、断态 4 种工作状态，断态时可能承受高电压但漏电流小，通态时可能承载大电流，但管压降小，而开通和关断过程中开关器件可能同时承受过电压、过电流、过大的 du/dt、di/dt 以及过大的瞬时功率 $P=ui$。如不采用防护措施，高电压和大电流可能使主开关器件的工作点超出安全工作区而损坏器件，因此半导体电力开关器件通常设置开关过程的保护电路（也称缓冲电路），以防止瞬时过电压、过电流，消除过大的电压、电流变化率，减少开关损耗，确保器件处于安全工作区。缓冲电路还可以维持串联的开关管电压均衡，或维持开关器件并联时电流均衡。缓冲电路的形式取决于开关器件的类型和对功率变换器的要求。

9.5　开关磁阻电动机的控制

9.5.1　开关磁阻电动机的基本控制方式

为了保证 SR 电动机的可靠运行，一般在低速（包括启动）时，一般采用电流斩波控制（简称 CCC 控制）；在高速情况下，一般采用角度位置控制（简称 APC 控制）。

（1）CCC 控制

在 SR 电动机启动，低、中速运行时，电压不变，旋转电动势引起的压降小，电感上升期的时间长，而 di/dt 的值相当大，为避免电流脉冲峰值超过功率开关器件和电动机的允许值，采用 CCC 控制模式来限制电流。

斩波控制一般是在相电感变化区域内进行的，由于电动机的平均电磁转矩 T_{av} 与相电流 I 的平方成正比，因此通过设定相电流允许限值 I_{max} 和 I_{min}，可使 SR 电动机工作在恒转矩区。

电流斩波通常有以下几种实现方法。

① 给定绕组电流上限值 I_{max} 和下限值 I_{min} 的斩波控制。控制器在绕组电流达到 I_{max} 时，关断主开关器件，并在电流衰减到 I_{min} 值后重新开通主开关器件，即通过开关器件多次导通和关断来限制电流在给定的上、下限之间变化。在这种控制下，开通角 θ_{on} 和关断角 θ_{off} 可以改变，也可以固定不变，一般多为固定不变。这种控制是通过改变电流上、下限值的大小来调节开关磁阻电动机输出转矩值，并由此实现速度闭环控制。给定电流上、下限值的斩波控制方式的电流波形如图 9-17（a）所示。

② 给定绕组电流上限值 I_{max} 和关断时间 t_2 的斩波控制。这种方式与给定绕组电流上限和下限斩波控制基本相同，不同之处在关断主开关器件后，再次导通是由给定时间 t_1 来决定的。给定电流上限值和关断时间的斩波控制方式的电流波形如图 9-17（b）所示。

③ 脉宽调制的斩波控制。一般在这种控制方式下，开通角 θ_{on} 和关断角 θ_{off} 固定不变。控制器在固定的斩波周期 T 内控制主开关器件的导通时间 t_1 和关断时间 t_2 的比例来改变绕组电流的幅值和有效值。脉宽调制的斩波控制方式的电流波形如图 9-17（c）所示。

（2）APC 控制

在 SR 电动机高速运行时，为了使转矩不随转速的平方下降，在外施电压一定的情况下，只有通过改变开通角 θ_{on} 和关断角 θ_{off} 的值获得所需的较大电流，这就是角度位置控制（APC 控制）。

在 APC 控制中，SR 电动机的转矩是通过开通角 θ_{on} 和关断角 θ_{off} 来调节的，并由此实现速度闭环控制，即根据当前转速与给定转速 n_0 的差值自动调节电流脉冲的开通、关断位

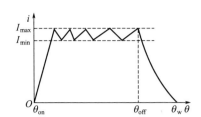 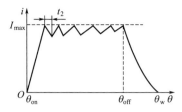

(a) 给定电流上、下限值的斩波控制　　　　(b) 给定电流上限值和关断时间的斩波控制

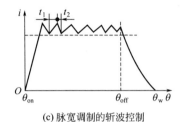

(c) 脉宽调制的斩波控制

图 9-17　三种斩波方式的电流波形

置，最后使转速稳定于 n_0。

　　进行 APC 控制时，在 θ_{on} 与 θ_{off} 之间，对绕组加正电压，在绕组中建立和维持电流；在 θ_{off} 之后一段时间内，绕组承受反电压，电流续流并快速下降，直至消失，对应的电流波形如图 9-18 所示，为一个完整的脉冲。因此，这种运行方式有时也称为单脉冲运行。

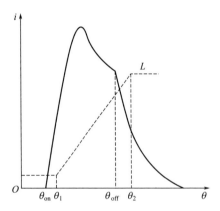 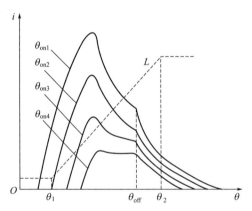

图 9-18　角度位置控制（APC）方式的电流波形　　图 9-19　不同 θ_{on} 的电流波形（$\theta_{off} = c$）

　　控制 θ_{on} 和 θ_{off} 可以改变电流波形与绕组电感波形的相对位置，当电流波形的主要部分位于电感的上升区，则产生正转矩，电动机为电动运行；反之，若使电流波形的主要部分处于绕组电感的下降段，则将产生负转矩，电动机为制动运行。

　　在电动运行状态下，开通角 θ_{on} 提前，则在小电感区段电流上升时间加长，如图 9-19 所示，使电流波形发生如下变化：

　　① 波形加宽；

　　② 波形的峰值和有效值增加；

　　③ 与电感波形的相对位置变化。

　　改变 θ_{on} 使电感上升段电流变化，从而改变了电动机转矩。当电动机负载一定时，转速便随之变化。

　　改变 θ_{off} 一般不影响电流峰值，但影响电流波形宽度及其同电感曲线的相对位置，电流有效值也随之变化，因此，θ_{off}同样对电动机的转矩、转速产生影响，但其影响远没有θ_{on}那么大，如图 9-20 所示。

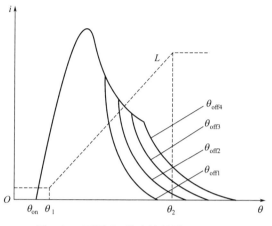

图 9-20　不同θ_{off}的电流波形（$\theta_{on}=c$）

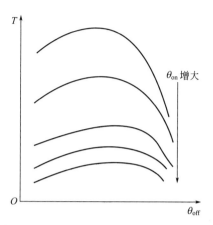

图 9-21　APC 运行时 T_{av} 与 θ_{on}、θ_{off} 的关系

同样的分析也可用于制动运行状态。

由以上分析可知：由于开通角 θ_{on} 通常处于低电感区，它的改变对相电流波形影响很大，从而对输出转矩产生很大影响。因此一般采用固定关断角 θ_{off}、改变开通角 θ_{on} 的控制模式。

当电动机的转速较高时，因反电动势的增大，限制了相电流的大小。为了增大平均电磁转矩，应增大相电流的开通角 θ_{on}，因此关断角 θ_{off} 不能太小。然而，关断角 θ_{off} 过大又会使相电流进入电感下降区域，产生制动转矩，因此关断角 θ_{off} 存在一个最佳值，以保证在绕组电感开始随转子位置角下降时，绕组电流尽快衰减到 0。

由 SR 电动机的转矩公式可知，对于同一运行点（即一定转速和转矩），开通角 θ_{on} 和关断角 θ_{off} 有多种组合（如图 9-21 所示），而在不同组合下，电动机的效率和转矩脉动等性能指标是不同的，因此存在针对不同指标的角度最优控制。找出开通角、关断角中使电动机出力相同且效率最高的一组就实现了角度控制的优化。寻优过程可以用计算机仿真，也可以采用重复试验的方法来完成。

9.5.2　开关磁阻电动机的控制系统

根据 SR 电动机的控制原理可以得到 SRD 控制系统原理图。如图 9-22 所示，SRD 系统采用转速外环、电流内环的双闭环控制，ASR（转速调节器）根据转速误差信号（转速指令 Ω^* 与实际转速 Ω 之差）给出转矩指令信号 T^*，而转矩指令可以直接作为电流指令 i^*；ACR（电流调节器）根据电流误差（电流指令 i^* 与实际电流 i 之差）来控制功率开关。

控制模式选择框是 SRD 系统控制策略的总体现，它根据实时转速信号确定控制模式——在低速运行时，固定开通角 θ_{on} 和关断角 θ_{off}，采用 CCC 控制；在高速运行时，采用 APC 控制。

在 APC 方式下，将电流指令 i^* 抬高，使斩波不再出现，由转矩指令 T^* 的增减来决定开通角 θ_{on} 和关断角 θ_{off} 的大小。

在 CCC 方式下，实际电流的控制是由 PWM 斩波实现的。ACR 根据电流误差来调节

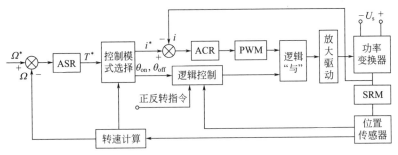

图 9-22　SRD 控制系统原理框图

PWM 信号的占空比，PWM 信号与换相逻辑信号相"与"并经放大后用于控制功率开关的导通和关断。

9.6　开关磁阻电动机传动系统的反馈信号检测

SRD 系统在启动和低速运行时，通常采用电流斩波控制相电流的大小；即使在角位置控制方式下，为了防止系统过载和故障运行，也需要监测绕组的实际电流。因此，电流检测在 SRD 系统中是必不可少的。SRD 工作在自同步状态，转子位置信号是各相主开关器件正确进行切换的依据，所以需要检测转子位置。SRD 系统作为变速传动系统，为了保证系统具有优良的动静态性能，必须依靠速度控制环节，这就需要得到准确的速度信号。所以，电流、位置、速度三种反馈信号的检测直接关系到 SRD 系统的运行性能。

9.6.1　相电流检测

开关磁阻电动机驱动系统相电流检测是开关磁阻电动机电流斩波控制方式运行的需要，也是过电流保护的需要，精确检测相绕组电流是必需的。因此，在开关磁阻电动机驱动系统中电流传感器应具备如下性能特点。

① 产生正比于被测电流的信号。

② 快速性能好，抗干扰能力强，灵敏度高，有良好的线性度。

由于开关磁阻电动机驱动系统的功率变换器输出的相电流量是单向脉动的，可用如下几种检测电流的方法：①电阻采样；②直流电流互感器采样；③霍尔元件采样；④磁敏电阻采样。

电阻采样简单易行，但有附加损耗，且易引入主电路的强电干扰。图 9-23 为一个光电隔离电阻采样电流检测电路。

上述直流电流互感器采样、霍尔元件采样和磁敏电阻采样，都要进行被测电流转换为磁场的变换，相对电路复杂一些，而磁场平衡式

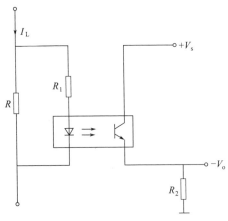

图 9-23　光电隔离电阻采样电流检测电路

霍尔电流传感器（LEM 模块）是一种理想的电流传感器。LEM 模块通过磁场的补偿，铁芯内磁通保持为零，致使其尺寸、重量减少，使用方便，电流过载能力强，整个传感器已模块化，套在母线上即可使用。与电阻采样比较，由于不需要在主电路中串入电阻，所以不产生额外的损耗。现在用这种原理制成商品已实现系列化。

9.6.2 位置检测

位置检测的目的是确定定、转子极的相对位置，即要用绝对位置的传感器检测定、转子相对位置，向单片机端口提供正确的转子位置信息，以确定对应相绕组的通断，使转子位置与绕组导通的相序很好地配合起来，以便实现设计所需的运行特性，同时也作为测量电动机转速的依据。

开关磁阻电动机驱动系统对位置检测的要求，首先是在运行的速度范围内要满足检测的精度要求；其次是要求电路简单、工作可靠、抗干扰能力强；有的还要求能在恶劣环境下可靠工作。

实现位置信号的检测有两大类：①利用位置传感器检测位置信号（即直接检测）；②无位置传感器的位置检测技术（即间接检测）。直接检测一般是指使用光电式、磁敏式位置传感器以及接近开关等器件进行位置检测；而间接检测是指无位置传感器的检测方法，比如定子绕组瞬态电感信息的波形检测法、基于状态观测器的无位置传感器检测法以及反串线圈检测法等技术。

下面介绍一种光电式位置传感器。它由安装在底座上红外发光二极管和红外光敏晶体管及相关电路构成的光电传感部件和码盘组成。码盘有与转子凸极、凹槽数相等的齿和槽，且要求齿、槽宽度相等，均匀分布，码盘固定在转轴上。光电传感部件主要完成位置信号处理、定转子相对角度细分的功能，可固定在定子或机壳上。

当码盘中凸齿转到开槽的光电传感部件中，光线被遮挡时，光敏晶体管截止，当开槽中无遮挡时，光线能够照射到光敏晶体管上，光敏晶体管饱和导通，通过适当的外接电路就可以把光敏晶体管电压高低的变化转化为转子位置信号。电动机旋转时，每个光电传感部件都可以经整形获得方波信号，方波周期为 $\dfrac{2\pi}{N_r}$。

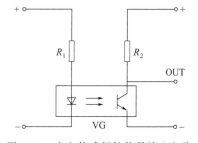

图 9-24 光电传感部件信号输入电路

位置检测方案，有全数检测和半数检测方案两种。全数检测所用光电传感器的个数等于电动机的相数 q；而半数检测方案所用光电传感器件的个数为相数的一半，即 $\dfrac{q}{2}$。图 9-24 给出了光电传感部件信号输入电路。

9.6.3 转速检测

开关磁阻电动机驱动系统都有速度闭环，使电动机在设定的转速下运行。因此对电动机的瞬时转速要实时、快速检测，所测量到的转速值与设定转速值比较，将差值送入速度调节器作为调节控制参数的依据。

在开关磁阻电动机驱动系统中，位置检测器是必不可缺少的。由位置检测原理可知，一相位置检测信号的频率为

$$f_1 = \frac{N_r n_r}{60}$$

式中，N_r 为转子极数；n_r 为转子的转速，r/min。

由上式可知，转子位置检测信号的频率与电动机的转速成正比，因此可以直接利用位置检测器提供的转子位置检测信号的频率转换成转速信息。一般而言，实现转速转换的方法可分为模拟式和数字式两种。

① 模拟测速法。这种方法主要用在一些装置采用模拟控制的场合。模拟测速法是基于频率电压转换原理，典型的方法是利用频压转换器，把转子位置检测信号脉冲（即转速数字信号）转换为电压信号。频压转换器有专用集成器件，如 LM2917 等。

② 数字测速法。开关磁阻电动机每转一转，位置检测器均会发出一定数量的位置脉冲信号，无论采用全数检测还是半数检测方案，将若干位置传感器的输出信号经过简单的组合逻辑电路，总能得到一个步距角内的脉冲数，如果在已知的时间间隔内由计数器记下脉冲数，并送至计算机，则可以算出这段时间内的平均转速。常见的数字测速法有 3 种：

a. M 法测速。M 法测速是在相等的时间间隔内利用步距角脉冲个数求得转速的测量值。M 法较适合高速运行时测速，低速时测速精度较低。

b. T 法测速。T 法测速是利用测出相邻两步距脉冲之间的间隔时间求得转速的一种测速方法。间隔时间的测量可以借助计数器对已知频率的时钟脉冲计数来实现。

c. M/T 法测速。M/T 法测速综合了 M 法和 T 法两种测速方法的特点，可在低速段实现可靠测速，在高速段又和 M 法一样具有较高分辨能力。

9.7 开关磁阻电动机的安装

电动机安装的内容通常为电动机搬运、底座基础建造、地脚螺栓埋设、电动机安装就位与校正以及电动机传动装置的安装与校正等。

9.7.1 开关磁阻电动机传动装置的安装

电动机的传动形式有很多，常用的有齿轮传动、皮带传动和联轴器传动等，如果传动装置安装得不好，会增加电动机的负载，严重时会使电动机烧毁或损坏电动机的轴承。

（1）齿轮传动装置的安装和校正

① 齿轮传动装置的安装。安装的齿轮应与电动机的转轴配套，所装齿轮与被动轮的模数、直径和齿形等应配套。

② 齿轮传动装置的校正。齿轮传动时电动机的转轴与被传动的轴应保持平行，两齿轮啮合应合适，可用塞尺测量两齿轮间的齿间间隙，如果间隙均匀说明两个轴已平行。

（2）皮带传动装置的安装和校正

① 皮带传动装置的安装。两个带轮的直径大小必须配套，应按要求安装。若大小带轮的位置安装错了，则会造成事故。两个带轮应安装在同一条直线上，两轴要安装得平行，否则将增加传动装置的能量损耗，而且会损坏皮带；若是平皮带，则易造成脱带事故。

② 带轮传动装置的校正。用带轮传动时，必须使电动机带轮的轴和被传动机器的轴保持平行，同时还要使两带轮宽度的中心线在同一直线上。

（3）联轴器传动装置的安装和校正

常用的弹性联轴器在安装时应先把两片联轴器分别装在电动机和生产机械的轴上，然后把电动机移近连接处；当两轴相对地处于一条直线上时，先初步拧紧电动机的机座地脚螺栓，但不要拧得太紧，接着用钢直尺搁在两半片联轴器上。然后用手转动电动机转轴并旋转180°，看两半片联轴器是否有高低，若有高低应予以纠正。高低一致才说明电动机和生产机械的轴已处于同轴状态，便可把联轴器和地脚螺栓拧紧。

9.7.2　开关磁阻电动机控制器的安装

开关磁阻电动机控制器应与开关磁阻电动机配合使用，任何一种产品都不能单独使用。

① 控制器的使用环境温度为 $-10 \sim 50\,℃$。若环境超过 $40\,℃$ 时，应置于通风良好的场所。

② 由于控制器采用的是强迫风冷，因此，若空气中含有灰尘，会通过空气的流动带入控制器中。对于普通的灰尘，由于在空气干燥的情况下导电性很弱，不会影响控制器的运行，但是在潮湿或凝露的情况下，也可能会导致控制器故障，但由于控制器采用的强迫风冷，出现这种问题的可能性很小。

③ 控制器应安装在无导电性粉尘、无振动、无腐蚀、无易燃性气体、无易燃性液体的场所。

④ 控制器如果储存三个月以上后再安装调试，必须通过调压器对控制器进行由 0V 到 380V 慢慢加压进行通电。

⑤ 为了使开关磁阻电动机调速系统冷却循环效果良好，必须将控制器安装在垂直方向，因控制器有散热装置，其上下与相邻的物品和挡板（墙）必须保持足够的空间，控制器排风口距离屋顶或顶部的距离不得小于 200mm，底部进风口距离地面或柜体底部的距离不得小于 100mm。

9.8　开关磁阻电动机的应用

近年来，开关磁阻电动机的应用和发展取得了明显的进步，已成功地应用于电动车驱动、通用工业、家用电器和纺织机械等各个领域。

（1）开关磁阻电动机在电动车中的应用

开关磁阻电动机最初的应用领域就是电动车。目前电动摩托车和电动自行车的驱动电动机主要有永磁无刷及永磁有刷两种，然而采用开关磁阻电动机驱动有其独特的优势。当高能量密度和系统效率为关键指标时，开关磁阻电动机变为首选对象。

SRD 开关磁阻电动机驱动系统的电动机结构紧凑牢固，适合于高速运行，并且驱动电路简单、成本低、性能可靠，在宽广的转速范围内效率都比较高，而且可以方便地实现四象限控制。这些特点使 SRD 开关磁阻电动机驱动系统很适合在电动车辆的各种工况下运行，是电动车辆中极具有潜力的机种。SRD 的最大特点是转矩脉动大，噪声大；此外，相对永磁电动机而言，功率密度和效率偏低；而且要使用位置传感器，增加了结构复杂性，降低了可靠性。

（2）开关磁阻电动机在纺织工业中的应用

近年来我国纺织机械行业的机电一体化水平有了较明显的提高，在新型纺织机械上普遍采用了机电一体化技术。这项技术的内容包含了先进的信息处理和控制技术，即以计算机为核心，有 PLC、工控机、单片机、人机界面、现场总线等组成的控制系统；先进的驱动技术，有变频调速、交流伺服、步进电动机等；检测传感技术和执行机构；精密机械技术等。棉纺织设备较有代表性的机电一体化产品，例如新型的粗纱机、分条整经机、浆纱机等。其中，无梭织机的主传动技术也有了新的突破：采用开关磁阻电动机作为无梭织机的主传动带来了许多好处，如减少传动齿轮，不用皮带和皮带盘，不用电磁离合器和刹车盘，不用寻纬电动机，节能 10％等。

（3）开关磁阻电动机在焦炭工业中的应用

开关磁阻电动机因其启动力矩大、启动电流小，可以频繁重载启动，不需要其他的电源变压器，节能、维护简单，特别适用于矿井输送机、电牵引采煤机及中小型绞车等。开关磁阻电动机用于刮板输送机，效果很好。开关磁阻电动机用于带式输送机拖动，良好的启动和调速性能受到了工人们的欢迎。此外还成功地将开关磁阻电动机用于电动机车，提高了电动机车运行的可靠性和效率。

总之，开关磁阻电动机在各种使用场合，都能保证高效运行。不管是在重载，还是轻载，不管是在高速，还是低速，都能保持高效运行。这一特点，有助于提高设备的整体效率，实现大幅度节能。开关磁阻电动机不仅可以调速，而且还提高了设备的稳定性，使用起来更加的可靠，更加的有保障，既节能又可靠。

（4）开关磁阻电动机在家用电器中的应用

① 在洗衣机中的应用。随着人们生活水平的提高，洗衣机已逐渐深入千家万户，经历了手动机械洗衣机、半自动洗衣机、全自动洗衣机的发展过程，并不断智能化。洗衣机电动机也由简单的有级调速电动机发展为无级调速电动机。

目前，使用面比较广、为广大用户所接受的洗衣机主要有两大类：一类是波轮式全自动洗衣机；另一类是滚筒式全自动洗衣机。

这两类洗衣机对电动机有着共同的性能要求：洗涤时要求电动机低转速转动，且能频繁地正反转；脱水时要求电动机能高速旋转。

长期以来，这两类洗衣机基本上都采用了一种变极双速单相感应电动机而勉强达到使用要求，但缺点是很明显的：

a. 调速性能差。在洗涤时只有一种转速，难以适应各种织物对洗涤转速的要求，而所谓的"强洗""弱洗""轻柔洗"等洗涤程序的变化仅仅是靠改变正反转的持续时间而已。而且为了照顾洗涤时对转速的要求，往往使得脱水时的转速偏低，一般仅为 $400\sim600r/min$。

b. 单相变极双速感应电动机的效率很低，一般均为 30％以下。而其启动电流竟是额定电流的 7～8 倍以上，这会对电网造成冲击。

如果用开关磁阻调速电动机来取代单相变极双速感应电动机则可以取得十分满意的效果。

用于滚筒洗衣机的 SRD 专用系统的"标准洗"，滚筒的转速为 57r/min 左右，而"轻柔洗""丝绒洗"滚筒转速则为 25r/min 左右，真正做到了高档织物不损伤。"脱水"时滚筒转

速可在 $400 \sim 1200 \mathrm{r/min}$ 之间任意设定选取。

SRD 系统还为洗衣机的各种动作设计了专用程序。如为正转、反转洗涤设计了特定的启动、加速、减速程序，可有效地提高衣物的洗净率。为漂洗和脱水分别设计了特定的启动、均布升速程序，有效避免在脱水时由于衣物在滚筒上分布不均而造成的振动和噪声；而对于根本不可能均匀分布的洗涤物，则可智能地为其选择较低的脱水转速。

经测试比较，同样的衣物，同样一个"标准洗"，SRD 系统的用电量仅为普通滚筒洗衣机（双速感应电动机为动力）的 44%；其耗电、耗水、洗净率、脱水率、噪声等一系列指标都达到了欧洲 A 类洗衣机的标准。

② 在空调、电冰箱中的应用。空调、电冰箱的核心部件是压缩机，可是如今进入千家万户的普通空调、电冰箱的压缩机大都是由单相异步电动机来驱动的。它的缺点如下。由于它们采用简单的通断式来进行控温，这样将带来许多毛病，如系统效率低、功率因数低、温度起伏大、因为启动电流大而对电网产生冲击等。如今出现了"变频空调"新产品，它采用异步电动机变频调速系统来取代单相异步电动机。相比较而言，变频空调具有制冷速度快、环境舒适度好、对电网无冲击、运行噪声小、效率高和节能等一系列优点，是空调升级换代的革命性措施。但变频调速系统在运行于中、低速时，机械特性通常变差，系统效率和功率因数下降明显。而变频空调系统压缩机的电动机恰恰绝大多数时间在中、低转速状态下运行，只是刚开始时是高速运转。因此，这给变频空调系统的节能优越性大打折扣。

而开关磁阻调速电动机系统除了具有变频调速系统的一系列优点外，它具有比变频调速系统更高的电能-机械能转换效率，特别是在中、低转速运行时，这一优势就更加明显。

第10章
其他微特电机

10.1   直流力矩电动机

10.1.1   直流力矩电动机概述

直流力矩电动机，是力矩电动机的一种，是以直流电作为电源的力矩电动机。它是一种具有软机械特性和宽调速范围的特种电机。这种电机的转轴不是以恒功率输出动力而是以恒力矩输出动力。直流力矩电动机使用方便，操作简单，比一般交流力矩电动机具有更高的操控性。

（1）直流力矩电动机的分类

永磁式直流力矩电动机是一种能工作在连续堵转状态，能与负载直接耦合，以输出转矩为主要特征的低速驱动电机。其常用分类方法有以下几种。

① 按励磁方式分类。直流力矩电动机按励磁方式可分为电磁和永磁式两种。因永磁式直流力矩电动机结构简单、励磁磁通不受电源电压的影响等优点被首选采用。

② 按结构形式分类。直流力矩电动机按结构形式可分为组装式和分装式两种。实际多采用分装式结构。因该电动机与负载轴直接耦合，没有传动齿轮和间隙误差，在负载轴上有高的转矩惯量比和耦合刚度。

③ 按电枢结构分类。直流力矩电动机按其电枢结构可分为有槽电枢和光滑电枢两种。

④ 按有无电刷装置分类。直流力矩电动机按有无电刷装置可分为有刷和无刷直流力矩电动机。

另外，直流力矩电动机和低速高灵敏度直流测速发电机组装在一起，可组成力矩-测速机组，使结构更紧凑。

（2）直流力矩电动机的特点

① 折算到负载轴上的转矩/惯量比高。转矩/惯量比的大小直接反映了加速能力。当负载所需的转矩一定时，驱动系统的转动惯量越小，则转矩/惯量比就越高，因此其加速能力越好。

由于普通高速电动机的输出转矩较小，为了增大输出转矩，常常采用减速器，通过降低转速，以达到增大转矩的目的。由于力矩电动机的输出转矩大，则可以直接驱动负载。两种驱动方案如图 10-1 所示。

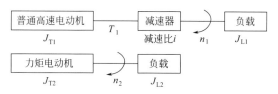

图 10-1　驱动方案示意图

在图 10-1 中，两种不同的驱动方案都是为了使负载得到所需的同样的转矩和转速。当两个电动机有相同的转动惯量时，即 $J_{T1} = J_{T2}$。由理论分析可知，尽管普通高速电动机经过减速，转矩可以增大一些，但与此同时，电动机的惯量却增大得更多，其结果是普通高速电动机的力矩/惯量比反而减小。

由于理论加速度 $a = T_P/J_T$，而转矩/惯量比的大小直接反映了加速能力。直接驱动用的直流力矩电动机其输出转矩主要消耗在推动负载加速上。而普通高速电动机的输出转矩则大部分消耗在加速电动机和齿轮所增加的惯量上。

② 具有较快的响应速度。由于直接驱动能得到较大的理论加速度，而在直流力矩电动机与普通直流伺服电动机转动惯量相近的情况下，力矩电动机的机械时间常数要小（一般为十几毫秒到几十毫秒）。另外，由于直流力矩电动机磁极对数较多，电枢铁芯磁通密度高，使电枢电感小到可以忽略的程度，以致电气时间常数可以小到几毫秒或零点几毫秒，从而使直流力矩电动机随着电枢电流的增加而力矩增长很快，具有较快的响应速度。

③ 具有较高的速度和位置分辨率。用齿轮减速的普通直流伺服电动机，往往由于齿轮齿隙而降低伺服系统的精度。因而从某种意义上讲，直流力矩电动机消除了减速机构的齿隙和弹性变形所带来的缺陷，特别是对于为获得很好品质因数的系统而言更有必要。图 10-2 所示为耦合刚度的方案比较。

由图 10-2 可见，有齿隙的减速器驱动，不仅在零点附近有一个"死区"，而且在传动机构中附加了弹性变形和加速度误差，从而大大降低了系统速度和位置的精度。

在采用直流力矩电动机直接驱动时，由于去除了精度要求高的减速齿轮，电动机与负载轴直接耦合，消除了由于齿隙而引起的非线性因素，可使系统的放大倍数做得很高而仍然保持系统的稳定性。

同时由于直接驱动缩短了传动链，提高了装置的机械耦合刚度，减少了传动部件的弹性变形，因而可以大大提高整个传动装置的自然共振频率。

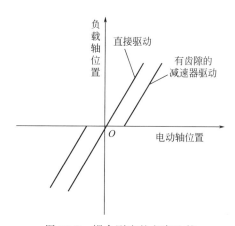

图 10-2　耦合刚度的方案比较

④ 特性线性度好。由于直流力矩电动机采用了较好的软磁和硬磁材料，磁路高度饱和，气隙选择恰当，电动机的磁路设计保证其在连续运行时的输出转矩与输入电流成正比关系，从而使电动机的线性度好，为系统的灵活控制和平稳运行创造了条件。

⑤ 低速时输出力矩大、运行平稳。直流力矩电动机低速时输出转矩大，转矩波动小，运行平稳，可以去除减速齿轮，从而使电动机本身可动部件少，功耗小。又由于电动机基本

处于低速或堵转状态，机械噪声小，传动振动小，使得装置简单、可靠，结构紧凑。

10.1.2　直流力矩电动机的基本结构与工作原理

（1）直流力矩电动机的基本结构

直流力矩电动机的外形一般呈圆饼形，总体结构有分装式和组（内）装式两种。分装式结构包括定子、转子和电刷架三大部件，机壳和转轴由用户根据安装方式自行选配；组装式和一般直流伺服电动机相同，机壳和转轴由制造厂家制成，并与定子、转子等部件组装成一个整体。

永磁式直流力矩电动机的典型结构如图10-3所示。电动机的定子是一个用软磁材料做成的带槽的环，在槽中嵌入永磁材料作为电动机的主磁场，其外圆又热套上一个非磁性金属环，在软磁材料的部分形成磁极，使在气隙中形成接近正弦分布的磁通，以尽量减弱气隙磁阻的变化，并使气隙磁通密度在换向区较平滑地变化。电动机的转子是由冲片叠压成电枢（转子）铁芯，并压在非导磁的金属支架上。支架内孔一般尽可能地大，以适应大小不一的轴径和某些特定场合的安装。在电枢铁芯的槽中嵌入电枢绕组，特殊形状的槽楔一端构成换向器片，另一端与电枢绕组的尾端焊接在一起，并与铁芯绝缘，然后以环氧树脂将整个转子浇铸（灌封）成为一个整体。电刷架则以螺钉紧固于定子的一侧，电刷跨接在换向片的表面。

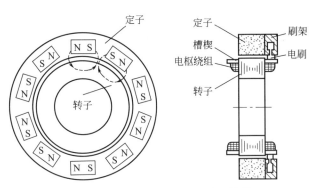

图10-3　永磁式直流力矩电动机结构

这样定子、转子、电刷架三大件分装式的结构充分地利用了空间，对具有体积、质量和外形尺寸要求的特定场合尤为适用。

某些力矩电动机（如大型力矩电动机）的定子有时也采用凸极式结构。这主要是从结构工艺上来考虑，也是为了便于充磁。但这种结构使转矩波动相应增大。

在某些特殊场合，有时也采用异型凸极结构。由于其定子磁极结构在电动机的内部形成较好的磁回路，从而减少了外部漏磁，同时可形成较好的接近正弦的磁场分布。

（2）直流力矩电动机的工作原理

直流力矩电动机的基本原理如同普通直流伺服电动机。但这种电动机是为了满足高精度伺服系统的要求而特殊设计制造的，在结构和外形尺寸的比例上与一般直流伺服电动机有较大不同，一般直流伺服电动机为了减小电动机的转动惯量，大都做成细长圆柱形；而直流力矩电动机为了能在相同体积和电枢电压下产生比较大的转矩及较低的转速，一般做成扁平状，电枢长度与直径之比很小，为 0.2 左右，某些特殊场合可达 0.05；考虑结构的合理性，一般做成永磁多极的；为了减少转矩和转速的脉动，选取较多的电枢槽数、换向片数和串联导体数。

10.1.3 直流力矩电动机的特性

直流力矩电动机的特性是通过特殊的设计和精密的制造工艺来实现的。直流力矩电动机设计成扁平形，是为了满足大转矩、低转速的要求，计算证明，电枢直径每增加一倍，转矩也大致增加一倍；在相同的电枢电压和气隙平均磁通密度下，直流力矩电动机的空载转速和电枢半径成反比，半径越大，转速越低。

直流力矩电动机的电磁转矩方程式为

$$T = C_T \Phi I$$

由上式可知，增大直流力矩电动机的转矩，也可通过增大转矩常数 C_T 来实现。而直流力矩电动机的转矩常数 C_T 为

$$C_T = \frac{pN}{2\pi a}$$

式中，p 为电动机极对数；N 为电枢导体数；a 为绕组并联支路对数。

由上式可见，可以将直流力矩电动机设计成较多的极对数，较少的并联支路数（如 $a=1$），相当多的电枢槽数，而且槽面积尽可能增大，以安放更多的导体数，从而获得大的 C_T 值，以增大直流力矩电动机的转矩。

直流力矩电动机有良好的特性线性度，其机械特性如图 10-4 所示，其调节特性如图 10-5所示。调节特性的转矩增长正比于电枢电流 I，而且特性直线基本上通过零点，大大减小了转矩的非线性"死区"。

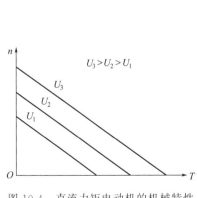

图 10-4　直流力矩电动机的机械特性

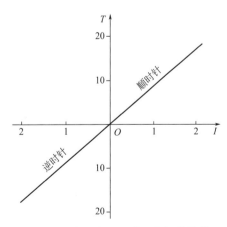

图 10-5　直流力矩电动机的调节特性

直流力矩电动机的机械特性是一簇平行直线，当电枢电压 U 为一定值时，输出转矩 T 与转速 n 成线性关系，线性度越高，系统的动态误差就越小；当转矩为一定值时，转速与电枢电压成正比。直流力矩电动机的时间常数小，有较高的转矩/惯量比，从而保证电动机在

较宽范围的运行速度下都能快速响应。

10.1.4 直流力矩电动机的选择

（1）直流力矩电动机选型的主要技术参数

在实际应用选型中，应着重考虑直流力矩电动机的技术参数，因为它对保证系统稳定运行起着重要的影响作用。直流力矩电动机主要技术参数如下。

① 峰值堵转转矩。峰值堵转转矩是指直流力矩电动机受永磁材料去磁限制的最大输入电流时，所获得的有效转矩，单位为 N·m。

② 峰值堵转电压。峰值堵转电压是指电动机产生峰值堵转转矩时，加于电枢两端的电压，单位为 V。

③ 峰值堵转电流。峰值堵转电流是指电动机产生峰值堵转转矩时的电枢电流，单位为 A。

④ 峰值堵转控制功率。峰值堵转控制功率是指电动机产生峰值堵转转矩时的控制功率，单位为 W。

⑤ 连续堵转转矩。连续堵转转矩是指直流力矩电动机连续堵转时，其温升不超过允许值所能输出的最大堵转转矩，单位为 N·m。

⑥ 连续堵转电压。连续堵转电压是指电动机产生连续堵转转矩时，加于电枢两端的电压，单位为 V。

⑦ 连续堵转电流。连续堵转电流是指电动机产生连续堵转转矩时的电枢电流，单位为 A。

⑧ 连续堵转控制功率。连续堵转控制功率是指电动机产生连续堵转转矩时的控制功率，单位为 W。

⑨ 转矩波动系数。转动波动系数是指转子在 1 周范围内，力矩电动机输出转矩的最大值与最小值之差对其最大值与最小值之和之比，用百分比表示。

⑩ 最大空载转速。最大空载转速是指直流力矩电动机在空载时加以峰值堵转电压所达到的稳定转速，单位为 r/min。

（2）直流力矩电动机的选择

① 根据系统装置的结构、空间位置大小，选用电动机的结构形式、安装方式。

② 根据系统装置的使用环境条件及特殊要求，选择能在此条件下可靠使用的电动机。

③ 根据装备运动和系统特点选用电机：在有限角度内往复摆动，应选用有限转角力矩电动机；使用环境恶劣应选用无刷产品。

④ 峰值堵转转矩、转矩脉动等指标，应根据使用场合合理确定。如同时要求电机峰值堵转转矩很高、转矩脉动很低、电机及驱动电路体积很小，制造难度和成本费用会急剧增加。

⑤ 无刷直流力矩电动机的性能，特别是转矩波动与驱动方式密切相关。

⑥ 直流力矩电动机的电磁设计对应不同驱动方式也应有不同考虑。应增强使用方和承制方的沟通和协调。

在实际使用选型中应着重考虑的是直流力矩电动机的技术参数，因为它对保证系统稳定运行起着重要的影响作用。

10.1.5　直流力矩电动机的使用与维护

（1）使用注意事项

① 峰值转矩是指直流力矩电动机受磁钢去磁条件限制的最大堵转转矩。在短时间内电动机电流允许超过连续堵转电流，但不能超过峰值电流，否则磁钢会去磁，使电动机的转矩下降。一旦磁钢去磁，电动机需要重新充磁后才能正常使用。

② 转子从定子中取出时，定子要用磁短路环保磁，否则会引起磁钢退磁。

③ 直流力矩电机也可以作测速发电动机使用，但要选用适当的电刷，以减少由于电刷和换向器接触电阻的变化而引起输出电压的波动。

④ 不能随意调整电刷、刷架位置。分装式电动机应保证定、转子同心度。

（2）直流力矩电动机的常见故障及维护

直流力矩电动机是一种经特殊设计制造，用于特殊要求如大转矩、低转速系统装置中的永磁式直流伺服电动机。直流力矩电动机的主要形式是分装式，电动机定子外圆直接与装置的内腔相配，电枢转子用环氧树脂浇灌成一个整体，直接装在装置的转动轴上。经出厂试验合格的产品，一般在使用中出现故障的可能性相对较少，也很少维护，一旦电枢转子出现故障，也很难修复。

直流力矩电动机既然是一种特殊的永磁式直流伺服电动机，则直流伺服电动机常易出现的故障它也可能产生，如由于电枢受潮绝缘电阻降低，过载引起磁钢退磁，电刷磨损或产生火花等。故一旦出现故障可参照"直流伺服电动机常见故障及其排除方法"中的相应故障内容予以排除、维护，或与生产厂联系协助解决或更换新产品。

10.1.6　直流力矩电动机的应用

直流力矩电动机具有低转速、大转矩、过载能力强、响应快、特性线性度好、力矩波动小等特点。

直流力矩电动机广泛应用于机械制造、纺织、造纸、橡胶、塑料、金属线材和电线电缆等工业中。直流力矩电动机还可根据其多种特点灵活应用：可部分代替直流电动机使用，可应用在启闭闸（阀）门以及阻力矩大的拖动系统中，还可以使用于频繁正、反转的装置或其他类似动作的各种机械上。

力矩电动机的特点是具有软的机械特性，当负载增加时，电动机转速能自动随之降低，而输出力矩增加，保持与负载平衡。力矩电动机配以晶闸管控制装置，可进行调压调速。力矩电动机的堵转转矩高，堵转电流小，能承受一定时间的堵转运行。由于转子电阻高，损耗大，所产生的热量也大，特别是在低速运行和堵转时更为严重，因此，力矩电动机在后端盖上装有同轴风扇或离心式风扇，作强迫通风冷却。

图 10-6 所示为某雷达天线系统中由直流力矩电动机组成的主传动系统，它是一个典型的位置控制随动系统。在该系统中，被跟踪目标的位置经雷达天线系统检测并发出误差信号，此信号经放大后便作为力矩电动机的控制信号，并使力矩电动机驱动天线跟踪目标。若天线因偶然因素使它的阻力发生改变，例如阻力增大，则电动机轴上的阻力矩增加，导致电

动机的转速降低。这时雷达天线系统检测到的误差信号也随之增大，它通过自动控制系统的调节作用，使力矩电动机的电枢电压立即增高，相应使电动机的电磁转矩增加，转速上升，天线又能重新跟踪目标。为了提高控制系统的运行稳定性，该系统使用了测速发电动机负反馈装置。

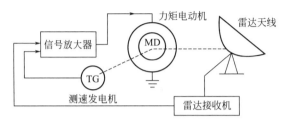

图 10-6　雷达天线系统工作原理图

10.2　交流力矩电动机

10.2.1　交流力矩电动机概述

（1）交流力矩电动机的用途

交流力矩电动机在低速场合中的应用很多。在使用条件不允许有换向器和电刷的场合，交流力矩电动机的优点更显著。其制造成本比直流力矩电动机低，结构简单，维护方便。该电动机适用于造纸、电线电缆、橡胶、塑料、纺织以及金属材料加工部门作卷绕、开卷堵转和调速等设备的动力，也可以利用其能堵转、反转的特点，而使用于频繁正、反转的装置或其他类似动作的各种机械，如挤压、夹紧、张、拉、螺杆转动等转速、转矩随意变化的场所。

（2）交流力矩电动机的种类

交流力矩电动机是普通交流异步电动机的派生系列，目前按下列方法分类。

① 按相数分类。

a. 三相力矩电动机：其电源电压为 380V，是目前应用最广泛的产品。

b. 单相力矩电动机：其电源电压为 220V，均为单相电容运转力矩电动机。

② 按机械特性分类。

a. 卷绕型力矩电动机：其机械特性较软，在堵转时输出最大转矩。这类力矩电动机是目前应用最多的产品。

b. 导辊型力矩电动机：其机械特性在一段转速范围内，转矩的大小变化能保持在一定的容差范围内。

c. 放线型力矩电动机：由放线工况要求，该电动机运行在制动状态，即在产品放线过程中所放的线基本上保持张力和线速度不变。

（3）交流力矩电动机的特点

交流力矩电动机的制造成本比直流力矩电动机低，结构简单，维护方便，具有如下特点：

① 运转是连续的。

② 能够迅速产生无振荡的动作。

③ 在应用上能够获得线性的机械特性曲线，能够在低速时得到大的转矩。

④ 交流力矩电动机实际上是两相或三相异步电动机的特殊设计，通常设计在转差率 $s=1$ 处。

10.2.2 力矩三相异步电动机的基本结构与工作原理

力矩三相异步电动机（简称力矩异步电动机或交流力矩电动机）是一种机械特性软、线性度好和调速范围宽、具有独特电气性能的电动机。当负载增加时，电动机转速随之下降，而输出转矩增加，保持与负载平衡。由于电动机具有较大阻抗，堵转电流远较一般电动机小，且最大转矩发生在堵转附近，可稳定运行的范围很广，可以在接近同步转速一直到堵转都能稳定运行。同时，较小的负载变化即能引起电动机的转速相应改变；较小的电压变化即能引起转矩或转速相应改变，是一种理想的调压无级调速电动机。

（1）力矩三相异步电动机的结构特点

由于力矩电动机运行长期低速运转和堵转，电动机发热相当严重，故电动机采用开启式结构，转子附有轴向通风孔，并装有独立的鼓风机，以带走电动机的热量。小容量的力矩电动机亦有采用密封式结构的。

① 卷绕型力矩电动机的结构。

a. 笼型转子力矩电动机。其定子和转子冲片材料以及结构与普通笼型转子异步电动机相同，转子导体有两种材料：一种为电阻率较高的黄铜，牌号为 H62，端环为紫铜，用银铜焊将导条与端环焊接；另一种为电阻率较高的硅铝等，端环也用硅铝，与普通笼型转子一样用铸造方法制成。

b. 实心钢转子力矩电动机。其定子冲片材料、结构与普通笼型转子异步电动机相同，而转子采用 20～45 钢制成实心结构，没有硅钢片和导条，如图 10-7 所示。

c. 卷绕型力矩电动机的冷却方式。三相交流力矩电动机冷却方式为自扇风冷和强迫风冷两种，视不同规格或使用要求而决定。强迫风冷有离心式或轴流式两种形式。

② 导辊型力矩电动机的结构：其定子和转子冲片的材料以及结构与普通笼型转子异步电动机相同，只是在电磁设计时考虑机械特性为导辊特性。

③ 放线型力矩电动机的结构：其定子和转子冲片的材料以及结构与普通笼型转子异步电动机相同，只是在电磁设计时，用不对称绕组两相供电，使其得到运行在制动状况时的机械特性为放线特性。

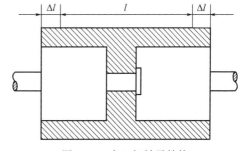

图 10-7 实心钢转子结构

l—其长度与定子铁芯长度相等；

Δl—伸出定子铁芯端部长度

（2）力矩三相异步电动机的工作原理和机械特性

力矩三相异步电动机与一般笼型三相异步电动机的运转原理是完全相同的。不同的是力矩三相异步电动机的转子的端环及导条通常用电阻率较高的黄铜制成，或整个转子用实体钢制成，使转子的电阻恒等于或略大于电动机的漏电抗值，以便在电动机堵转或反转时出现最大转矩。

由三相异步电动机的机械特性可知，随着异步电动机转子电阻的增大，其机械特性曲线如图 10-8 中的曲线 A、B、C、D 所示。力矩三相异步电动机就是按照图中所示的 B、C、D 机械特性曲线工作和运行的。

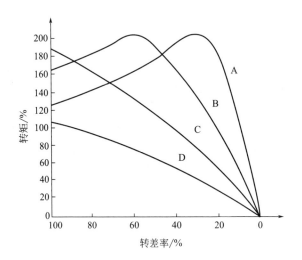

图 10-8　改变转子电阻而得到的机械特性曲线

10.2.3　力矩三相异步电动机的选用

力矩三相异步电动机力矩的产生需要有与之相应的输入电功率。尤其是在低速时效率低、损耗大、发热严重，大功率的力矩三相异步电动机则更加明显。选用力矩三相异步电动机时应注意以下几点。

① 使力矩三相异步电动机的转速尽量在其空载转速的 1/2～2/3 区域内运行，以保证恒功率或恒转矩的控制。

② 堵转转矩选取要正确，不能过大或过小，以防止将负载（产品）拉断或者出现拖不动现象。

③ 确定力矩电动机的力矩时，应考虑机械摩擦力矩的作用。

④ 电线、布、丝等在生产线上卷绕时，所需力矩 $T = (张力) \times (卷绕半径) + (机械摩擦力矩)$。因此，力矩三相异步电动机的转速与卷绕物的线速度成正比，与卷绕半径成反比。也就是说，随着卷绕半径的变化，电动机的转速和转矩也应随之变化。依靠力矩电动机本身在上述特性中难以做到完全协调，通常使用调压器调节电压来进行补偿或与减速机配合使用。

⑤ 当需要较大力矩时，宜采用绕线型转子力矩三相异步电动机，这样一来就在电动机转子电阻上增加了额外损耗。这时，调节外加电阻的大小就可以改变电动机的机械特性。

10.2.4　力矩三相异步电动机的常见故障及其排除方法

力矩三相异步电动机具有独特的电气性能，当负载增加时，电动机的转速能自然随之下降，卷绕时的张力基本保持不变。由于电动机具有较大的阻抗，短路电流远小于一般电动机，而最大转矩发生在堵转附近，可稳定运行的范围极广，可以在近同步转速一直到接近堵转都能稳定运行。

力矩三相异步电动机的常见故障查找与处理方法如下。

（1）启动困难或不能启动

① 转子断条在 1/7 以上，应用断路侦察器检查后进行修复或更换转子。

② 定子绕组接线错误，如将 △ 形接成 Y 形，应检查后按正确接线改正。

③ 定子绕组在重绕时，多绕了几匝，应去掉多余匝数后再嵌或重新绕制。

④ 经常过载运行，应调节负载到额定值。

⑤ 电源电压过低或三相不平衡，应测量后提高电源电压并排除不平衡。

⑥ 定子绕组局部接线错误或接反，应按正确接线方法纠正错误接线。

⑦ 一相熔断器熔断或电动机一相引线断，应检查后更换熔体或接好、焊牢引线头。

⑧ 由于止口弯曲扁形、轴承磨损、转轴弯曲、电动机扫膛，应校正和精车止口及转轴，更换轴承及润滑脂。

（2）启动电流大

① 经常过载启动，应减轻负载。

② 定子、转子相擦严重，应找出原因，校直轴或更换轴承，必要时精车转子表面。若轴承损坏，转动不灵活，应更换轴承及润滑油脂。

③ 重绕时，定子绕组匝数减少，应取出线圈，补绕圈数或重新绕制正确匝数再嵌线。

④ 嵌线时，少跨了 1～2 槽，应取出线圈按正确跨距再重新嵌线。

⑤ 定子铁芯松动，应压紧铁芯并紧固好。

⑥ 被拖动机械有卡住现象，应找出原因予以排除。

⑦ 润滑脂干枯，阻力大，应清洗轴承及轴承室，更换润滑脂。

（3）温升过高

力矩三相异步电动机最容易产生的故障，就是电动机温升过高而引起的绕组绝缘老化和轴承过载。这种电动机的结构特点导致其转子电阻高、发热较严重、损耗大。为此在电动机应用场所必须具备通风良好的条件或设置强迫通风装置。

① 实心转子电阻高、发热量大，应加强冷却通风设施或减轻负载运行。

② 定子修理时，用明火烧过，增加了涡流损耗，应在拆旧线时严防用火烧，铁芯要进行浸漆处理。

③ 重绕时，线圈匝数减少，使空载电流增大而发热，应按规定重新绕制线圈。

④ 重新绕制时，选用了线径小一些的线，使电流密度增大而发热，应选用合适的线径重绕。

⑤ 风机型号不对或容量过小，冷却效果差，应正确选用风机。

⑥ 轴承装配不当，转动不灵活，应按正确方法进行装配，使其转动灵活。

⑦ 轴承严重磨损，使电动机过热，应更换轴承。

⑧ 润滑脂过多，应除去多余的润滑脂。

⑨ 润滑脂干枯未及时更换而过热，应除去干枯润滑脂，更换耐温型润滑脂。

⑩ 电动机经常过载，应采取措施，减轻负载。

⑪ 电源电压过高或过低，应调整电源电压到合适值。

⑫ 环境温度过高，应设法降低环境温度，如室内增设风扇或电动机房增开通风窗。

⑬ 被拖动机械失修，阻力增大，应加强机械设备的维护和保养。

⑭ 频繁启动次数过多，应按操作规程进行操作。

10.2.5　力矩三相异步电动机的主要应用

力矩三相异步电动机适用于造纸、纺织、电线电缆及金属材料加工等部门作为卷绕、堵转和调速等设备的动力。力矩电动机在一定程度上将要取代绕线型转子异步电动机、电磁调速电动机及直流串励电动机。

（1）卷绕

卷绕特性力矩电动机用途很广，主要是用于卷绕方面。在金属材料、纤维、造纸、塑料、橡胶及电线电缆等加工时，卷绕是最后一道工序，也是最重要的工序。随着产品卷绕，卷筒的直径逐渐增大，要求任何时间都能保持均匀的张力，使产品厚薄均匀、线材直径无变化。卷绕时张力变化的最大因素是产品卷绕到卷盘时卷径增大，卷绕力矩随卷径增大而增大，而主传动的速度是固定不变的，因此必须使卷盘转速随卷径增加而降低。该电动机的机械特性是能满足上述要求的。

根据在卷绕过程中要求恒张力恒线速传动可知，当卷径增大时，由于要求恒张力，所以需转矩随之增大，与此同时，由于要求恒线速度，所以需转速随之降低，反之，当卷径减小时，由于要求恒张力，所以需转矩随之减小，与此同时，由于要求恒线速度，所以需转速随之增加，因此对这样的传动要求卷绕机械特性应为一个双曲线。图 10-9 为典型的力矩电动机的机械特性（转矩-转速特性）与卷绕特性的匹配曲线，图中 n_s 为力矩三相异步电动机的同步转速，两条曲线相交之间的阴影部位，卷绕特性最为理想，亦即在 $n_s/3 \sim 2n_s/3$ 范围（卷径比 1：2）时，相对功率近似不变，而张力正比于功率，所以在要求张力控制的情况下，这个特性说明在这个范围内力矩电动机将固有地保持张力不变。对于卷径比 1：3 或 1：4 或更大时，在一定程度上也能达到控制张力。

通常每台设备不可能生产单一的品种和规格，当材料和规格需要更换时，所要求的张力和转速也不同。这种情况下可简单地利用一台调压装置，调节电动机的输入电压，则可改变电动机的输出转矩，其关系式是 $T = U^2$，即转矩基本上与电压平方成正比（三相平衡调压）。

该力矩电动机用于卷绕时具有下列优点：空盘到满盘间张力保持平稳；张力调节方便，一次调节后易于正确地重复；电动机结构可靠，维护安装方便；控制线路简单，元器件少，调整维护操作简单；交流电源工作；成本较低。

（2）开卷

力矩电动机用于开卷，即称松卷、放线等，将成卷的产品松开再进行加工的场合，电动

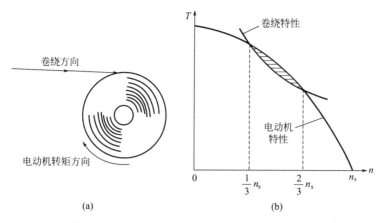

图 10-9 电动机的机械特性与卷绕特性匹配曲线

机起制动作用，也作为张力控制作用。

在电缆工业中，电缆的绞线机多股芯电缆外挤包塑料护套，如在搁置卷筒的台架上不采取任何措施，任卷筒自由地被拉开松卷，则有可能由于卷筒本身的不平衡及摩擦阻力等原因，使开卷过程中，材料不能始终保持张紧状况，而产生松紧现象，导致张力变化，影响卷筒质量。改善的方法可在开卷台上装上力矩电动机，并使电动机的旋转方向与产品的传递方向相反，这时电动机处于反转状态，产生制动力矩，如图 10-10 所示，这样就能消除上述影响。这种方法，还应加一调压装置，用以控制制动力矩的大小，最高控制电压以不超过300V 为佳。

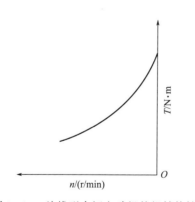

图 10-10 放线型力矩电动机的机械特性

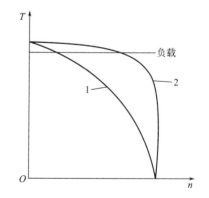

图 10-11 力矩电动机的卷绕和导辊机械特性
1—卷绕机械特性；2—导辊机械特性

（3）导辊

导辊特性力矩电动机具有图 10-11 中曲线 2 的机械特性，能在一段较宽的转速范围内使转矩保持基本恒定，应用于在转速变化时要求恒转矩的场合。

在冶金、印染等部门，需要采用导辊来传送产品，往往要求多台力矩电动机带动若干辊轴，由于辊轴直径不变，所以恒转矩可以保证在任何速度下传动物品的张力保持基本不变。

这种力矩电动机的转子电阻比卷绕特性的力矩电动机的转子电阻小。

（4）调速

力矩电动机可用于调速，因为力矩电动机的机械特性很软，当负载增加时，电动机的转速降低，输出力矩增加，而输出力矩正比于电压平方。假如负载固定，则电动机的转速随电压而变化，如图 10-12 所示，在负载恒定的设备上，只要通过调压装置改变电动机的输入电压，就可以获得任意转速。但是该电动机不适合长期处于低速运行的场所，因为长期低速运行，效率较低。

（5）其他用途

因为力矩电动机本身具有串励直流电动机的特性，所以可以部分代替串励直流电动机使用。又因为力矩电动机的转子绕组具有高电阻特性，启动转矩大，故可用于启闭闸（阀）门以及阻力矩大的电力拖动系统中，并利用其能堵转、反转的特点，而用于频繁正反转的装置或其他类似的各种机械上。

10.2.6 力矩三相异步电动机的控制

力矩三相异步电动机使用时，不光是卷绕和导辊，而且会遇到如开卷和产品规格改变等情况，这时可通过改变电动机的端电压来满足不同的张力要求（转矩与电压平方近似地成正比）。

例如，开卷时要求电动机的转向与产品传递方向相反，从而产生一个制动力矩，使开卷的产品始终保持张紧。张力的大小可通过调节电压来控制。

力矩三相异步电动机电压的调节方法通常有以下两种。

（1）三相平衡调节

额定电压为 380V 的力矩电动机采用三相调压器来调节其电压。三相平衡调节时，力矩电动机在不同电压下的机械特性如图 10-12 所示。

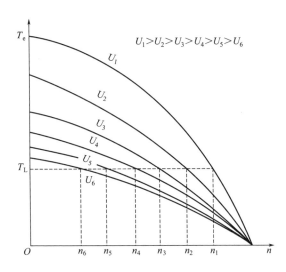

图 10-12 不同电压下力矩电动机的机械特性曲线

（2）三相不平衡调节

额定电压为 220V 的力矩电动机，将单相调压器接于两相之间，其原理接线及机械特性如图 10-13 所示。额定电压为 380V 的力矩电动机，将单相调压器接于一相，其原理接线及机械特性如图 10-14 所示。

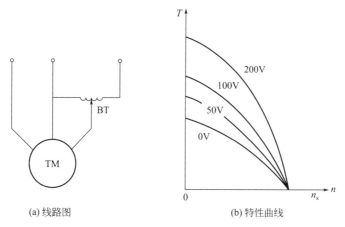

(a) 线路图　　　　　　(b) 特性曲线

图 10-13　力矩电动机三相不平衡调
节原理接线及机械特性（1）

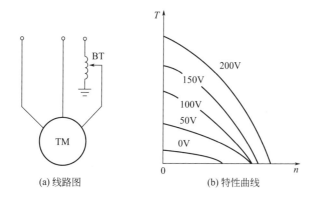

(a) 线路图　　　　　　(b) 特性曲线

图 10-14　力矩电动机三相不平衡调节
原理接线及机械特性（2）

10.3　无刷直流电动机

10.3.1　概述

　　与交流电动机相比，直流电动机具有运行效率高和调速性能好等优点。但传统的直流电动机采用电刷-换向器结构，以实现机械换向，因此不可避免地存在噪声、火花、无线电干扰以及寿命短等弱点，再加上制造成本高及维修困难等缺点，大大限制了它的应用范围，致使三相异步电动机得到了非常广泛的应用。

　　无刷直流电动机是随着电子技术发展而出现的新型机电一体化电动机。它是现代电子技术（包括电力电子、微电子技术）、控制理论和电动技术相结合的产物。无刷直流电动机采用半导体功率开关器件（晶体管、MOSFET、IGBT 等），用霍尔元件、光敏元件等位置传感器代替有刷直流电动机的换向器和电刷，以电子换向代替机械换向，从而提高了可靠性。

无刷直流电动机的外特性和普通直流电动机相似。无刷直流电动机具有良好的调速性能，主要表现为调速方便、调速范围宽、启动转矩大、低速性能好、运行平稳、效率高。因此，从工业到民用领域应用非常广泛。

无刷直流电动机是由电动机本体、位置检测器、逆变器和控制器组成的电动机，如图10-15所示。位置检测器检测转子磁极的位置信号，控制器对转子位置信号进行逻辑处理并产生相应的开关信号，开关信号以一定的顺序触发逆变器中的功率开关器件，将电源功率以一定的逻辑关系分配给电动机定子各相绕组，使电动机产生连续转矩。

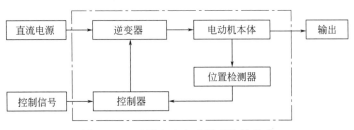

图 10-15　无刷直流电动机系统的组成

10.3.2　无刷直流电动机的分类

（1）按气隙磁场波形分类

无刷直流电动机有方波磁场和正弦波磁场。方波磁场电动机绕组中的电流也是方波；正弦波磁场电动机绕组中的电流也是正弦波。方波磁场电动机比相同有效材料的正弦波电动机的输出功率大10％以上。由于方波电动机的转子位置检测和控制更简单，因而成本也低。但是方波电动机的转矩脉动比正弦波电动机的大，对于要求调速比在100以上的无刷直流电动机，不适于用方波磁场电动机。本节主要介绍的是方波磁场的无刷直流电动机。

（2）按结构分类

无刷直流电动机有柱形和盘式之分。柱形电动机为径向气隙，盘式电动机为轴向磁场。无刷直流电动机可以做成有槽的，也可以做成无槽的，目前柱形、有槽电动机比较普遍。

10.3.3　无刷直流电动机的特点

与有刷直流电动机相比较，无刷直流电动机具有以下特点。

① 经电子控制获得类似直流电动机的运行特性，有较好的可控性，宽调速范围。

② 需要转子位置反馈信息和电子多相逆变驱动器。

③ 由于没有电刷和换向器的火花、磨损问题，可工作于高速，具有较高的可靠性，寿命长，无须经常维护，机械噪声低，无线电干扰小。可工作于真空、不良介质环境。

④ 功率因数高，转子无损耗和发热，有较高的效率。

⑤ 必须有电子控制部分，总成本比普通直流电动机的成本高。

⑥ 与电子电路结合，有更大的使用灵活性（比如利用小功率逻辑控制信号可控制电动

机的启动、停止、正反转）。适用于数字控制，易与微处理器和微型计算机接口。

与异步电动机相比，无刷直流电动机具有以下特点。

① 由于采用高性能钕铁硼永磁材料，无刷直流电动机转子体积得以减小，可以具有较低的惯性、更快的响应速度、更高的转矩/惯量比。

② 由于无转子损耗，不需要转子励磁电流，所以无刷直流电动机具有较高的效率。

③ 由于转子没有发热，无刷直流电动机也无须考虑转子冷却问题。

④ 尽管变频调速感应电动机系统应用较为普遍，但由于其非线性本质，控制系统极为复杂。无刷直流电动机则将其简化为离散状态的转子位置控制，故无须坐标变换。

与永磁同步电动机相比，无刷直流电动机具有明显优点。

① 在电动机中产生矩形波的磁场分布和梯形波的感应电动势要比产生正弦波的磁场分布和正弦变化的电动势容易，因此无刷直流电动机结构简单、制造成本低。

② 对于永磁同步电动机，由于定子电流是转子位置的正弦函数，系统需要高分辨率的位置传感器，构造复杂，价格昂贵。

③ 永磁同步电动机需要采用正弦波供电，而无刷直流电动机只需采用方波直流供电。产生方波电压和电流的变频器比产生正弦波电压和电流的变频器简单，因此无刷直流电动机控制简单，控制器成本较低。

10.3.4　无刷直流电动机的基本结构

无刷直流电动机的结构原理如图 10-16 所示。它主要由电动机本体、位置传感器和电子开关线路三部分组成。无刷直流电动机在结构上是一台反装的普通直流电动机。它的电枢放置在定子上，永磁磁极位于转子上，与旋转磁极式同步电动机相似。其电枢绕组为多相绕组，各相绕组分别与晶体管开关电路中的功率开关元件相连接。其中 A 相与晶体管 V_1、B 相与 V_2、C 相与 V_3 相接。通过转子位置传感器，使晶体管的导通和截至完全由转子的位置角所决定，而电枢绕组的电流将随着转子位置的改变按一定的顺序进行换流，实现无接触式的电子换向。

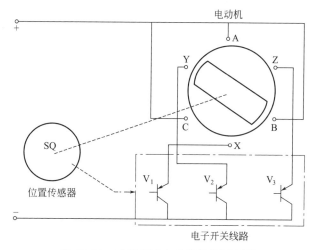

图 10-16　无刷直流电动机结构原理图

　　无刷直流电动机本体在结构上与经典交流永磁同步电动机相似，但没有笼型绕组和其他启动装置。图 10-17 示出了典型无刷直流电动机本体的基本结构。其定子绕组一般制成多相（三相、四相、五相等）；转子上镶有永久磁铁，永磁体按一定极对数（$2p＝2$、4、…）排列组成；由于运行的需要，还要有转子位置传感器。位置传感器检测出转子磁场轴线和定子相绕组轴线的相对位置，决定各个时刻各相绕组的通电状态，即决定电子驱动器多路输出开关的开/断状态，接通/断开电动机相应的相绕组。因此，无刷直流电动机可看成是由专门的电子逆变器驱动的有位置传感器反馈控制的交流同步电动机。

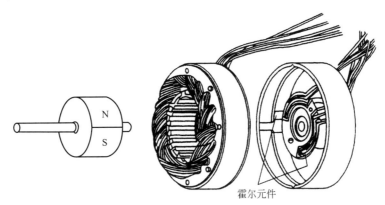

霍尔元件

图 10-17　无刷直流电动机基本结构

　　从另一角度看，无刷直流电动机可看成是一个定、转子倒置的直流电动机。一般永磁（有刷）直流电动机的电枢绕组在转子上，永磁体装在定子上。而无刷直流电动机的电枢绕组在定子上，永磁体则是装在转子上。无刷直流电动机转子的永磁体与永磁（有刷）直流电动机中所使用的永磁体的作用相似，均是在电动机的气隙中建立足够的磁场。有刷直流电动机的所谓换向，实际上是借助于电刷和换向器来完成的。而无刷直流电动机的换向过程则是借助于位置传感器和逆变器的功率开关来完成的。无刷直流电动机以电子换向代替了普通直流电动机的机械换向，具有普通直流电动机相似的线性机械特性。

　　无刷直流电动机中设有位置传感器。它的作用是检测转子磁场相对于定子绕组的位置，并在确定的位置处发出信号控制晶体管元件，使定子绕组中的电流换向。位置传感器有多种不同的结构形式，如光电式、电磁式、接近开关式和磁敏元件（霍尔元件）式等。位置传感器发出的电信号一般都较弱，需要经过放大才能去控制晶体管。

　　直流无刷电动机的电子开关线路用来控制电动机定子上各相绕组通电的顺序和时间，主要由功率逻辑开关单元和位置传感器信号处理单元两个部分组成。功率逻辑开关单元是控制电路的核心，其功能是将电源的功率以一定逻辑关系分配给直流无刷电动机定子上的各相绕组，以便使电动机产生持续不断的转矩。而各相绕组导通的顺序和时间，主要取决于来自位置传感器的信号。但位置传感器所产生的信号一般不能直接用来控制功率逻辑开关单元，往往需要经过一定逻辑处理后才能去控制逻辑开关单元。

10.3.5　无刷直流电动机的工作原理

　　下面以一台采用晶体管开关电路进行换流的两极三相绕组、带有光电位置传感器的无刷直流电动机为例，说明转矩产生的基本原理。图 10-18 表示电动机转子在几个不同位置时定子电枢绕组的通电状况，并通过电枢绕组磁动势和转子绕组磁动势的相互作用，来分析无刷直流电动机转矩的产生。

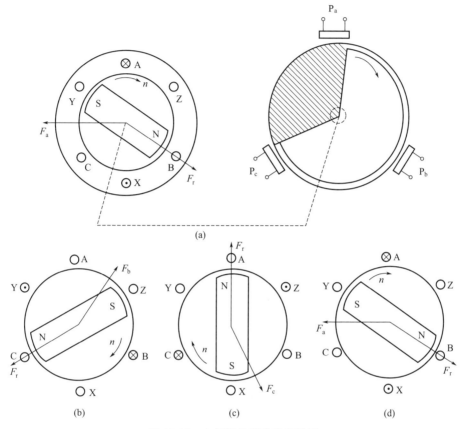

图 10-18　电枢绕组磁动势和转子
绕组磁动势之间的相互关系

① 当电动机转子处于图 10-18（a）的瞬间，光源照射到光电池 P_a 上，便有电压信号输出，其余两个光电池 P_b、P_c 则无输出电压。P_a 的输出电压经放大后使晶体管 V_1 开始导通（见图 10-16），而晶体管 V_2、V_3 截止。这时，电枢绕组 AX 有电流通过，电枢磁动势 F_a 的方向如图 10-18（a）所示。电枢磁动势 F_a 和转子磁动势 F_r 相互作用便产生转矩，使转子沿顺时针方向旋转。

② 当电动机转子在空间转过 $2\pi/3$ 电角度时，光屏蔽罩也转过同样角度，从而使光电池 P_b 开始有电压信号输出，其余两个光电池 P_a、P_c 则无输出电压。P_b 的输出电压经放大后使晶体管 V_2 开始导通（见图 10-16），晶体管 V_1、V_3 截止。这时，电枢绕组 BY 有电流通过，电枢磁动势 F_b 的方向如图 10-18（b）所示。电枢磁动势 F_b 和转子磁动势 F_r 相互作用所产生的转矩，使转子继续沿顺时针方向旋转。

③ 当电动机转子在空间转过 $4\pi/3$ 电角度时，光电池 P_c 使晶体管 V_3 开始导通，V_1、V_2 截止，相应电枢绕组 CZ 有电流通过，电枢磁动势 F_c 的方向如图 10-18（c）所示。电枢磁动势 F_c 与转子磁动势 F_r 相互作用所产生的转矩，仍使转子沿顺时针方向旋转。

当电动机转子继续转过 $2\pi/3$ 电角度时，又回到原来起始位置。这时通过位置传感器，重复上述的电流换向情况。如此循环进行，无刷直流电动机在电枢磁动势和转子磁动势的相互作用下产生转矩，并使电动机转子按一定的方向旋转。

从上述例子的分析可以看出，在这种晶体管开关电路电流换向的无刷直流电动机中，当转子转过 2π 电角度时，定子绕组共有 3 个通电状态。每一状态仅有一相导通，而其他两相截止，其持续时间应为转子转过 $2\pi/3$ 电角度所对应的时间。

10.3.6 无刷直流电动机使用注意事项

使用无刷直流电动机时应注意以下几点。

① 使用前，应仔细阅读所用的无刷直流电动机及其驱动电路的有关说明，按要求进行接线。主电源极性不可反接，控制信号电平应符合要求。

② 除非熟悉无刷直流电动机的控制技术，一般建议采用电动机生产厂配套的换向电路和控制电路。

③ 改变无刷直流电动机的转向时，应同时改变主绕组相序和位置传感器引线相序。

④ 无刷直流电动机出厂时，转子位置传感器的位置已调好，用户非必要时不要调整。电动机若需进行维修装卸，应注意电动机定子铁芯与位置传感器之间的几何位置，装卸前后应能保证相对关系不变。

⑤ 无刷直流电动机修理后，将主电路接某一较低电压，监视总电流，微调位置传感器的位置，使该电流调到尽可能小。

⑥ 若电动机转子采用的是铝镍钴永磁材料，修理时不宜将转子从定子铁芯内孔中抽出，否则会引起不可恢复的失磁。

⑦ 对于高速无刷直流电动机，应按说明书的要求定时给轴承加规定的润滑油脂或定时更换同规格的轴承。

10.4 永磁电机

10.4.1 概述

众所周知，电机是以磁场为媒介进行机电能量转换的电磁装置。为了在电机内建立进行机电能量转换所必需的气隙磁场，可以有两种方法。一种是在电机绕组内通以电流产生磁场，称为电励磁电机，例如普通的直流电机和同步电机。这种电励磁的电机既需要有专门的绕组和相应的装置，又需要不断地供给能量以维持电流流动；另一种是由永磁体来产生磁场。由于永磁材料的固有特性，它经过预先磁化（充磁）以后，不再需要外加能量，就能在其周围空间建立磁场，这样既可以简化电机的结构，又可节约能量。

与传统的电励磁电机相比较，永磁电机（特别是稀土永磁电机）具有结构简单、运行可靠、体积小、质量轻、损耗少、效率高等显著优点，因而应用范围非常广泛，几乎遍及航空航天、国防、工农业生产和日常生活的各个领域。

10.4.2　永磁直流电动机

（1）永磁直流电动机的特点及用途

永磁直流电动机是由永磁体建立励磁磁场的直流电动机。它除了具有一般电磁式直流电动机所具备的良好的机械特性和调节特性以及调速范围宽和便于控制等特点外，还具有体积小、效率高、结构简单等优点。

永磁直流电动机的应用领域十分广泛。近年来由于高性能、低成本的永磁材料的大量出现，价廉的铁氧体永磁材料和高性能的钕铁硼永磁材料的广泛应用，永磁直流电动机出现了前所未有的发展，特别是随着钕铁硼等高性能永磁材料的发展，永磁直流电动机已从微型向小型发展。

永磁直流电动机在家用电器、办公设备、医疗器械、电动自行车、摩托车、汽车用各种电动机等和在要求良好动态性能的精密速度和位置驱动的系统（如录像机、磁带记录仪、精密机械、直流伺服、计算机外部设备等）以及航空航天等国防领域中都有大量的应用。特别是家用电器、生活器具以及电动玩具用的铁氧体永磁直流电动机，其产量是无以类比的。

随着钕铁硼等高性能永磁材料的发展，永磁直流电动机正从微型和小功率向中小型电动机扩展。

（2）永磁直流电动机的分类

永磁直流电动机的种类很多，分类方法也多种多样。一般按用途可分为驱动用和控制用；按运动方式和结构特点又可分为旋转式和直线式，其中旋转式包括有槽结构和无槽结构。有槽结构包括永磁直流电动机和永磁直流力矩电动机；无槽结构包括有铁芯的无槽电枢永磁直流电动机和无铁芯的空心杯形电枢永磁直流电动机、印制绕组永磁直流电动机及线绕盘式电枢永磁直流电动机等。

（3）永磁直流电动机的结构

永磁直流电动机由永磁磁极、电枢、换向器、电刷、机壳、端盖、轴承等组成，其基本结构如图 10-19 所示。这种电动机的工作原理、基本方程和性能与传统的直流电动机相同，只是主磁通由永磁体产生，因而不能人为调节。永磁直流电动机仍然装有换向器和电刷，使维护工作量加大，并使电动机的最高转速受到一定限制。

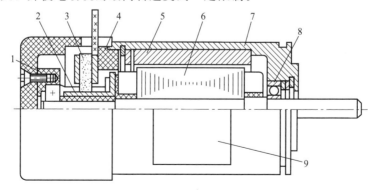

图 10-19　永磁直流电动机结构图

1—端盖；2—换向器；3—电刷；4—电刷架；5—永磁磁极；

6—电枢；7—机壳；8—轴承；9—铭牌

（4）永磁直流电动机的机械特性与调节特性

① 机械特性。当电动机的端电压恒定（U＝常数）时，电动机的转速 n 随电磁转矩 T_e 变化的关系曲线 $n=f(T_e)$，称为永磁直流电动机的机械特性，如图 10-20 所示。通常也将电动机的机械特性表示成电动机的转速 n 与输出转矩 T_2 之间的关系曲线。

在一定温度下，普通永磁直流电动机的磁通基本上不随负载而变化，这与并励直流电动机相同，故转速随负载转矩的增大而稍微下降。对应于不同的电动机端电压 U，永磁直流电动机的机械特性曲线 $n=f(T_e)$ 为一组平行直线。

② 调节特性。当电磁转矩恒定（T_e＝常数）时，电动机的转速 n 随电压 U 变化的关系 $n=f(U)$，称为永磁直流电动机的调节特性，如图 10-21 所示。

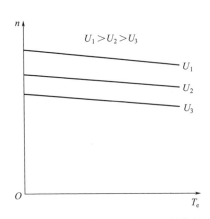

图 10-20　永磁直流电动机的机械特性

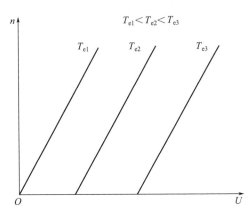

图 10-21　永磁直流电动机的调节特性

在一定温度下，普通永磁直流电动机的调节特性斜率为常数，故对应不同的 T_e 值，调节特性是一组平行线。调节特性与横轴的交点，表示在某一电磁转矩（如略去电动机的空载转矩，即为负载转矩）时，电动机的始动电压。在转矩一定时，电动机的电压大于相应的始动电压，电动机便能启动并达到某一转速；否则，电动机就不能启动。因此，调节特性曲线的横坐标从原点到始动电压点这一段所示的范围，即为在某一电磁转矩时永磁直流电动机的失灵区。

10.4.3　永磁同步电动机

（1）永磁同步电动机的特点

由电动机原理可知，同步电动机的转速 n 与供电频率之间具有恒定不变的关系，即

$$n=n_s=\frac{60f}{p}$$

永磁同步电动机的运行原理与电励磁同步电动机完全相同，都是基于定、转子磁动势相互作用，并保持相对静止获得恒定的电磁转矩。其定子绕组与普通交流电动机定子绕组完全相同，但其转子励磁则由永磁体提供，使电动机结构较为简单，省去了励磁绕组及集电环和电刷，提高了电动机运行的可靠性，又因不需要励磁电流，不存在励磁损耗，提高了电动机的效率。

永磁同步电动机与异步电动机、电励磁式同步电动机相比较，具有以下特点。

① 永磁同步电动机与笼型异步电动机相比较。

a. 转速与频率成正比。异步电动机的转速略低于电动机的同步转速，其转速随负载的增加或减小而有所波动，转速不太稳定；永磁同步电动机的转速与频率严格成正比，电源频率一定时，电动机的转速恒定，与负载的变化无关，这一特点非常适合于转速恒定和精确同步的驱动系统中，如纺织化纤、轧钢、玻璃等机械设备。

b. 效率高节能。因为异步电动机有转差，所以有转差损耗；永磁同步电动机无转差，转子上没有基波铁损耗；永磁同步电动机为双边励磁，且主要是转子永磁体励磁，其功率因数可高达 1；功率因数高，一方面节约无功功率，另一方面也使定子电流下降，定子铜耗减少，效率提高。

c. 与异步电动机相比，永磁同步电动机结构复杂、成本较高。

② 永磁同步电动机与电励磁式同步电动机相比较。

a. 电励磁式同步电动机有电刷、集电环和励磁绕组，需要励磁电流，有励磁损耗；永磁同步电动机不需要励磁电流，不设电刷和集电环，无励磁损耗，无电刷和集电环之间的摩擦损耗和接触电损耗。因此，永磁同步电动机的效率比电励磁式同步电动机要高，而且结构简单，可靠性高。

b. 电励磁式同步电动机的转子有凸极和隐极两种结构形式；永磁同步电动机转子结构多样，结构灵活，而且不同的转子结构往往带来自身性能上的特点，故永磁同步电动机可根据设计需要选择不同的转子结构形式。

c. 永磁同步电动机在一定功率范围内，可以比电励磁式同步电动机具有更小的体积和重量。

（2）永磁同步电动机的类型

永磁同步电动机的分类方法比较多，常用的分类方法有以下几种。

① 按主磁场方向的不同，可分为径向磁场式和轴向磁场式。

② 按电枢绕组的位置不同，可分为内转子式（常规式）和外转子式。

③ 按转子上有无绕组，可分为无启动绕组的电动机和有启动绕组的电动机。

无启动绕组的永磁同步电动机用于变频器供电的场合，利用频率的逐步升高而启动，并随着频率的改变而调节转速，常称为调速永磁同步电动机；有启动绕组的永磁同步电动机既可用于调速运行，又可在某一频率和电压下，利用启动绕组所产生的异步转矩启动，常称为异步启动永磁同步电动机。

④ 按供电电流波形的不同，可分为矩形波永磁同步电动机（简称无刷直流电动机）和正弦波永磁同步电动机（简称永磁同步电动机）。

永磁同步电动机启动时，常常采用异步启动或磁滞启动方式。异步启动永磁同步电动机用于频率可调的传动系统时，形成一台具有阻尼（启动）绕组的调速永磁同步电动机。

（3）永磁同步电动机的基本结构

永磁同步电动机的定子与电励磁同步电动机的定子相同，定子绕组采用对称三相短距、分布绕组，只是转子上用永磁体取代了直流励磁绕组和主磁极。永磁同步电动机的结构如图 10-22 所示，永磁同步电动机横截面示意图如图 10-23 所示。

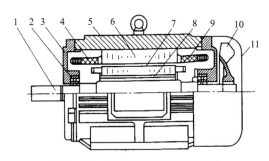

图 10-22　永磁同步电动机的结构

1—转轴；2—轴承；3—端盖；4—定子绕组；5—机座；6—定子铁芯；

7—转子铁芯；8—永磁体；9—启动笼；10—风扇；11—风罩

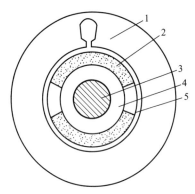

图 10-23　永磁同步电动机横截面示意图

1—定子；2—永磁体；3—转轴；4—转子铁芯；5—紧固圈

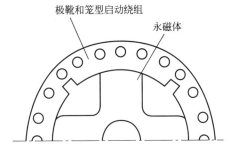

图 10-24　永磁同步电动机转子上的启动绕组

（4）永磁同步电动机的异步启动

异步启动永磁同步电动机是电动机的转子上除装设永磁体外，还装有笼型启动绕组，如图 10-24 所示。

启动时，电网输入定子的三相电流将在气隙中产生一个以同步转速 n_s 旋转的磁动势和磁场，此旋转磁场与笼型绕组中的感应电流相互作用，将产生一个驱动性质的异步电磁转矩 T_M。另一方面，转子旋转时，永磁体在气隙内将形成另一个转速为 $(1-s)n_s$ 的旋转磁场，并在定子绕组内感应一组频率为 $f=(1-s)f_1$ 的电动势，这组电动势经过电网短路并产生一组三相电流；这组电流与永磁体的磁场相作用，将在转子上产生一个制动性质的电磁转矩 T_G，此情况与同步发电机三相稳态短路时类似。启动时的合成电磁转矩 T_e 是 T_M 和 T_G 的叠加，如图 10-25 所示，在 T_e 的作用下，电动机将启动起来。

（5）永磁同步电动机的磁滞启动

采用磁滞启动的永磁同步电动机的转子由永磁体和磁滞材料做成的磁滞环组合而成，如图 10-26 所示。

当定子绕组通入三相交流电流产生气隙旋转磁场，使转子上的磁滞环磁化时，由于磁滞作用，转子磁场将发生畸变，使环内磁场滞后于气隙磁场一个磁滞角 α_h，从而产生驱动性质的磁滞转矩。磁滞转矩的大小与所用材料的磁滞回线面积的大小有关，而与转子转速的高低无关，当电源电压和频率不变时，磁滞转矩为一常值。在磁滞转矩的作用下，电动机将启动起来并牵入同步。

图10-27表示一个由磁滞材料做成的转子置于角速度为 ω_s 的旋转磁场中时，转子中的磁

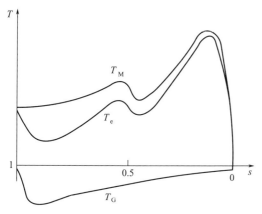

图 10-25　永磁同步电动机启动过程中的平均电磁转矩

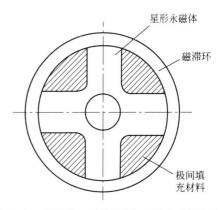

图 10-26　采用磁滞启动时永磁同步电动机的转子

场状况。图中 BD 为旋转磁场的轴线，AC 为转子磁场的轴线，ω_r 为转子的角速度，AC 滞后于 BD 的角度即为磁滞角 α_h。

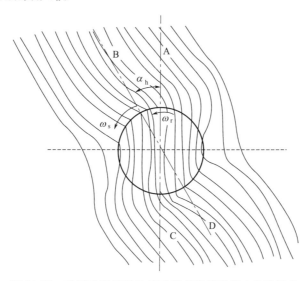

图 10-27　采用磁滞材料的转子置于旋转磁场中的磁滞角

10. 4. 4　永磁同步发电机

（1）永磁同步发电机的特点

根据电机的可逆原理，永磁同步电动机都可以作为永磁同步发电机运行。但由于发电机和电动机两种运行状态下对电机的性能要求不同，它们在磁路结构、参数分析和运行性能计算方面既有相似之处，又有各自的特点。

永磁同步发电机具有以下特点。

① 由于省去了励磁绕组和容易出问题的集电环和电刷，结构较为简单，加工和装配费用减少，运行更为可靠。

② 由于省去了励磁损耗，电机效率得以提高。

③ 制成后难以调节磁场以控制其输出电压和功率因数。随着电力电子器件性能价格比的不断提高，目前正逐步采用可控整流器和变频器来调节电压。

④ 采用稀土永磁材料的永磁同步发电机，制造成本比较高。

永磁同步发电机的应用领域广阔，功率大的如航空、航天用主发电机，大型火电站用副励磁机，功率小的如汽车、拖拉机用发电机，小型风力发电机，微型水力发电机，小型柴油（或汽油）发电机组等都广泛使用各种类型的永磁同步发电机。

（2）永磁同步发电机的工作原理

永久磁铁在经过外界磁场的预先磁化以后，在没有外界磁场的作用下，仍能保持很强的磁性，并且具有 N、S 两极性和建立外磁场的能力。因此，可以采用永久磁铁取代交流同步发电机的电励磁。这种采用永久磁铁作为励磁的交流同步发电机，称为永磁交流同步发电机。

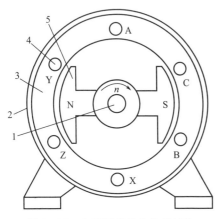

图 10-28　永磁同步发电机的结构
1—转轴；2—机座；3—定子铁芯；
4—定子绕组；5—永磁转子（二极）

为了说明以上原理，取一块最简单的矩形永久磁铁，两端加工成圆弧形。如果先将磁铁放置在外界磁场中沿长度方向（圆弧直径方向）充磁，则充磁后的磁铁呈现出径向的 N-S 两个极性，如图 10-28 所示。现在把这块永磁转子装入交流同步电机的定子中，电机的气隙中就出现主磁通，于是就成为永磁交流同步电机。如果用原动机拖动永磁转子旋转，便成为一台永磁交流同步发电机。由此可知，永久磁铁替代了电磁式交流同步发电机的励磁绕组和磁极铁芯。这样的替代，在原理上甚为简单，但为了达到工程实用的目的，其磁路结构就有多种多样的变化。它们的理论分析、设计计算和运行特性，也与电磁式交流同步电机不尽相同，尤其在磁路的分析和计算

方面，远比电磁式复杂得多。

永磁交流同步发电机的定子结构与电磁式交流同步发电机相似，而转子的结构形式则很多。一般采用内转子式，典型结构如图 10-29 所示。

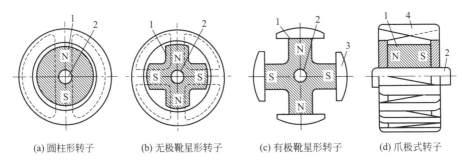

(a) 圆柱形转子　　(b) 无极靴星形转子　　(c) 有极靴星形转子　　(d) 爪极式转子

图 10-29　永磁交流同步发电机的几种转子结构
1—永久磁铁；2—转轴；3—极靴；4—爪形极靴

参考文献

［1］程明．微特电机及系统．北京：中国电力出版社，2008.

［2］杨渝欣．控制电机．北京：机械工业出版社，2010.

［3］西安微电机研究所．微特电机应用手册．福州：福建科学技术出版社，2007.

［4］姚建红，刘小斌．控制电机及其应用．哈尔滨：哈尔滨工业大学出版社，2012.

［5］唐任远．特种电机原理及应用．北京：机械工业出版社，2010.

［6］严金云．电机应用技术．北京：化学工业出版社，2007.

［7］孙建忠，白凤仙．特种电机及其控制．北京：中国水利水电出版社，2005.

［8］李光友，等．控制电机．北京：机械工业出版社，2009.

［9］孙克军．图解电动机使用入门与技巧．北京：机械工业出版社，2013.

［10］孙克军．中小微型电机使用与维修手册．北京：机械工业出版社，2011.

［11］汪永华，等．电动机故障速检速修300问．上海：上海科学技术出版社，2010.

［12］陈家斌．电机故障查找与处理．郑州：河南科学技术出版社，2006.